東京安全研究所・都市の安全と環境シリーズ 8

監修 伊藤滋
著 三舩康道

密集市街地整備論

現状とこれから

早稲田大学出版部

長田区の状況

道路が狭い

道路がいろいろな物の置場になっている

道路が狭いうえに電信柱が邪魔になっている

口絵1　阪神・淡路大震災で焼け残った長田区の密集地区（2019年2月）
このような密集地区が二次災害による火災で焼野原になった。

阪神・淡路大震災後の長田区

残されたのは鉄筋コンクリートの建物だけ

高熱による鉄板の被害

右側のビルは外壁が無くなっている

焼け跡を探す被災者

広い道路と低層の街並み。右側が
カトリックたかとり教会

カトリックたかとり教会のイエス・キリスト像
および周辺の被害

口絵2　阪神・淡路大震災で焼野原となった長田区の密集地区(1997年1月)

長田区の復興状況

区画整理により道路が広くなった

広い道路と公園

広い公園

広い道路と低層の街並み

広い道路と低層の街並み。右側がカトリックたかとり教会

カトリックたかとり教会のイエス・キリスト像。一時移動されたが、現在は元の場所に安置された

口絵3　阪神・淡路大震災後の区画整理により復興された長田区(2019年2月)

糸魚川駅北火災の状況

火元付近の状況（写真提供：糸魚川市）

燃え広がった状況（写真提供：糸魚川市）

火災の状況（写真提供：糸魚川市、新潟日報社撮影）

口絵4　密集地区の火災状況（2016年12月22日）

糸魚川駅北火災後の状況

左頁上の写真の火災後

焼かれた鉄板が残された状況

火災が広がった風下の状況

口絵5　密集地区の火災後の状況(2016年12月25日)

糸魚川駅北火災後の復興状況

火元付近の状況

街並みの状況

道路が拡幅された状況

口絵6　密集地区の2年目の復興状況(2018年12月22日)

刊行に寄せて

　このたび、密集市街地の整備について早稲田大学出版部から出版できることになった。

　密集市街地の整備は、都市計画において残された大きな課題であった。特に大都市圏では、戦災により密集市街地が発生し、それが大きな問題となっていた。そして、昭和50年代から、研究者の提案やいろいろな政策により密集市街地の整備が進められてきたが、なかなか改善できなかった。

　昭和の終るころから平成にかけて、東京では各区主導による狭隘道路整備事業が展開された。そして、阪神・淡路大震災が発生し、国としても法律の制定など、密集市街地の整備に一層力を入れることになった。

　その後、研究者の中でも密集市街地の状況を報告する人が少なくなり、狭隘道路の整備の進展状況など、密集市街地の現状を十分に把握していない状況となった。

　本書は、そのような観点から、密集市街地の将来展望が行えるように、現在のかかえている問題に焦点を当てており、これまで実施されてきた政策に対する一定の評価と将来的展望を見出したつもりである。まだ、3項道路の問題など体系的にする課題が残されているが、密集市街地に関わる方々の目に触れることができれば幸いである。

伊藤　滋

はじめに

　ここ数年専門家の間では、密集市街地はその後どうなったのか、整備は進んでいるのだろうかという声が聞かれるようになりました。

　特に東京都では、2012（平成24）年1月に「木密地域不燃化10年プロジェクト」を策定し、主要な都市計画道路を特定整備路線と位置付け、2020（令和2）年までに整備するとともに、特に重点的・集中的に改善を図る地区を「不燃化特区」と位置付け、2020年までに不燃領域率を70％に引き上げる目標を掲げました。

　その頃から、狭隘道路の整備は進んでいるのか、相変わらずそのままで停滞しているのかよく分からないというように、東京の密集市街地の現状を把握している人がいないという状況が浮かび上がってきました。

　現在、都市計画道路の整備や不燃化を推進する中で、密集市街地の整備が進められていますが、都市計画道路のような大きな枠組みとともに、日々の生活レベルで狭隘道路の抱える問題が置き去りにされているのではないか、という思いが常に頭の片隅にありました。

　昭和の後半から、密集市街地改善のために様々な事業が展開され、そして、平成に入る前ごろから、東京都の特別区では個々の建物の建替え時に狭隘道路を拡幅しようという、狭隘道路拡幅整備事業が展開されるようになりました。具体的には、幅員4m未満のみなし道路（建築基準法法42条2項道路）を、各区の事業により幅員4mに拡幅整備しようというものです。

　しかし、当初、このような狭隘道路の拡幅事業はなかなか協力が得られま

せんでした。それは、4mに拡幅し道路にする部分の権利は地主にあり、庭としてあるいは自転車や植木鉢の置場として利用していたものを道路に提供することに抵抗がある、また特に狭小敷地では、敷地が道路に取られるため、現在住んでいる家が小さくなる、そのため、そもそも拡幅は無理という状況、それに加えて、植木鉢の緑が生み出す路地空間という言葉が魅力的であり、建物の更新が進まないと思われていたからです。

　そのため、各区それぞれに展開した事業でしたが、密集市街地の不燃化と同様、狭隘道路の拡幅整備はなかなか進まないと思われていました。進捗状況を調査してみたのですが、初期の頃はやはりそうだったのかという印象でした。

　しかし、その後各区では、当初要綱を決めて進めていたものから、より厳しく条例を決めて実施することや、道路を4m幅員に拡幅することは当然のことという啓蒙活動に、より一層力を注ぎ努力を積み重ねてきました。

　そのような状況の中で発生したのが、1995（平成7）年の阪神・淡路大震災でした。二次災害として同時多発火災が発生し、長田区のように燃えつくされた状況は、密集市街地に警鐘のような出来事として受け止められました。密集市街地の危険性が改めて突き付けられたわけです。その後、密集市街地の整備は新たな法律、いわゆる密集法を制定するなど推進されました。

　しかし、このような動きもある程度経過すると収まってきます。専門家の間でも、やはり狭隘道路の拡幅整備はなかなか進んでいないのではないかと

思われている方も多かったと思います。そのような問題意識から、どういう状況なのかと密集市街地を歩いてみると、狭隘道路が残っているところもあるが、結構拡幅されているのではないか、というような印象もありました。

　密集市街地の整備にはなかなか特効薬がありません。また都市整備の関心が他の課題に移り、研究者でも現状を把握しようという試みも行われず、実態はどうなのかということが明らかになっていませんでした。そのため、都市の大きな課題として取り上げられてきた密集市街地整備の状況を把握する必要があるという問題意識から、今回の調査は始まりました。

　東京都の各区が狭隘道路整備拡幅事業を始めてから、平均的に約30年経過しています。都市政策の大きな課題として取り上げられ、都市の闇の部分と言われてきた密集市街地に、これまでの整備事業が成果があったのかどうか、この30年の状況を見てみたいと思います。

　本書では最近の話題も取り上げ、狭隘道路の拡幅状況、ブロック塀問題、UR都市機構との関係を主なテーマとして現状報告をします。そして、地方の出来事ですが、糸魚川市駅北火災は密集市街地へ改めて警鐘となりましたので、最後に報告したいと思います。

三舩康道

目次

刊行に寄せて ……………………………………………… 009
はじめに …………………………………………………… 011

1章 都内区部における狭隘道路拡幅整備事業

- 1-1　密集市街地の問題 …………………………………… 018
- 1-2　クリアランスから修復型へ ………………………… 020
- 1-3　東京都木造住宅密集地域整備事業 ………………… 020
- 1-4　東京都区部の狭隘道路拡幅整備事業 ……………… 021
- 1-5　阪神・淡路大震災から密集法の制定へ …………… 023
- 1-6　UR都市機構のコーディネート ……………………… 024
- 1-7　東日本大震災、不燃化特区、そして糸魚川市駅北市街地火災 ……………………………………………… 025
- 1-8　本書の目的 …………………………………………… 027

2章 密集市街地の道路拡幅整備の現状

- 2-1　狭隘道路拡幅整備事業とは ………………………… 030
- 2-2　密集市街地の危険要素 ……………………………… 038
- 2-3　主要生活道路の整備 ………………………………… 040
- 2-4　狭隘道路の整備の状況 ……………………………… 046
- 2-5　これからの課題 ……………………………………… 055
- 2-6　課題への対応 ………………………………………… 064

3章　ブロック塀問題

- 3-1　実態調査の背景 ... 072
- 3-2　市街地の安全性で残された課題 ... 073
- 3-3　調査の概要 ... 074
- 3-4　調査結果 ... 079
- 3-5　寿栄小学校の事故 ... 087
- 3-6　その後のブロック塀問題 ... 096
- 3-7　これからに向けて ... 106

4章　URの取組み

- 4-1　UR都市機構が密集市街地整備に取り組むようになった背景 ... 110
- 4-2　密集市街地整備法におけるUR都市機構の位置付け ... 112
- 4-3　UR都市機構と密集市街地整備の歩み ... 113
- 4-4　UR都市機構の総合的支援 ... 115
- 4-5　特別区の密集市街地におけるURの取組み状況 ... 117
- 4-6　URの取組みのケース・スタディ ... 119

5章　これからの密集市街地の整備に向けて

- 5-1　狭隘道路の拡幅整備について ... 138
- 5-2　コンクリートブロック塀について ... 140
- 5-3　UR都市機構について ... 143
- 5-4　糸魚川市大規模火災
　　　──木造住宅密集地域への警鐘再び ... 144

1章

都内区部における狭隘道路拡幅整備事業

1-1　密集市街地の問題

　狭小敷地で木造の老朽住宅（図1-1）が多く、幅員4m未満の狭隘道路の多い密集市街地の危険性は、以前から指摘されてきました。具体的には、火災が発生したとしても道路が狭く、消火活動を行う消防ポンプ車が道路を通れず迅速な消火活動ができません。そして、敷地が狭いため、指定された建ぺい率を違反して敷地いっぱいまで建築している。そのため、建替えを進めようとすると、道路を4m幅員まで拡幅しなければならず、なおかつ指定された建ぺい率を守らなければならず、住宅を現在の大きさより小さくせざるを得なくなります。密集市街地の建て替えにはそのような問題があり、建物の更新がなかなか進まないという状況でした。

　そして密集市街地には、ブロック塀が多いという状況もありました（図1-2、1-3）。ブロック塀は安価であり、施工性が良いという利点があります。しかし、1978（昭和53）年に宮城県沖地震が発生した時に、ブロック塀の倒壊による死者が多く発生し、ブロック塀に補強のための鉄筋が入っていないなど、その施工状況も含めて、問題視されるようになりました。

　そして、それをさらに複雑な状況にしているのが、地主と家主と居住者が違うという権利の3層構造でした。土地を借りて住宅を建築したが、現在は貸家にしてというように1軒の住宅に3人の権利者がいて、建て替えをしようとしても、3者それぞれに事情がありなかなか決められないという状況がありました。

　それに加えて、独居老人の存在が大きな問題でした。夫婦で住んでいたとしても、時間が経過するにつれて高齢者となり、そして1人になります。そのような状況でアンケートで共同建て替えについてお伺いしても、「生きている間はかまわないでほしい」という回答が返ってきます。結局、市街地の更新はますます進まないという状況になっていました。

図1-1　木造老朽住宅

図1-2　左はタイル貼りだが、ブロック塀の場合が多い

図1-3　両側とも長いブロック塀

1-2　クリアランスから修復型へ

　密集市街地を改善しようと、当初は、住宅地区改良事業のような全面クリアランス型の事業が行われていましたが、このような、一時期にクリアランスする型の事業はなかなか進まず、個別に建て替える時にあわせて徐々に道路を拡幅していく修復型の事業が行われるようになりました。

　1977（昭和52）年から開始された、住環境整備モデル事業は修復型事業としてそれ以後の事業の先導的役割を果たしたと思います。そして、まちづくりも修復型まちづくりという手法が根付いていきました。その後、コミュニティ住環境整備事業や新たな事業が創設され、密集市街地の整備が進められていきました。しかし、問題はすぐに解決するような状況ではありませんでした。

1-3　東京都木造住宅密集地域整備事業

図1-4　東京都木造住宅密集地域整備事業イメージ図[1]

　東京都では、木造住宅の密集地区の整備が重要課題として取り上げられ、1983（昭和58）年度より東京都木造住宅密集地域整備事業を開始しました。

　内容は、木造住宅が密集し特に老朽住宅の立地割合が高く、かつ道路・公園といった公共施設などの整備が遅れている地域において、①主要生活道路の整備、②老朽建築物などの共同建替の支援、③公園整備、④コミュニティ

住宅の整備など、防災性向上と居住環境の整備を総合的に行う制度です（図1-4）。

1-4　東京都区部の狭隘道路拡幅整備事業

　東京の各区では、独自の狭隘道路整備事業を開始するようになりました。内容は、建て替え時に合わせて幅員4m未満の道路を4mに拡幅しようとする事業で、建物について道路中心線から2mのセットバックを義務付け、道路状に舗装して仕上げるという事業です

　1983（昭和58）年12月には、大田区が「東京都大田区狭あい道路拡幅整備助成規則」を創設し、狭隘道路の拡幅に助成金を出すように規則を決めました。そして翌1984（昭和59）年4月には、荒川区が「東京都荒川区細街路拡幅整備要綱」を定め狭隘道路の拡幅整備を開始、そして同時期に中野区では「中野区生活道路の拡幅整備に関する条例」を定め、条例で狭隘道路の拡幅整備を始めました。この流れは、他の区にも影響し、毎年のように新たな区が狭隘道路の拡幅整備に関する事業を要綱や条例などで定めていきました（表1-1）。

　そして、1995（平成7）年7月に練馬区が要綱を定めて、都内では23区のうち20区が狭隘道路の拡幅事業を実施することになりました。事業を未実施の区は中央区、千代田区、そして港区でした。これらの都心3区は、そもそも狭隘道路の少ない区でした。

　この狭隘道路拡幅整備事業は、事業が開始された当初は、建物を後退させ、道路中心線から2mの部分を道路用地として提供し、L字溝を設置し舗装整備する内容で、住民の協力を得られない時期もあったようです。しかし、長い時間をかけ、各区の努力を継続することにより、消防活動が迅速に行われるように幅員4m未満の道路は4mに拡幅し、消防活動が困難な区域を解消しようという理解が浸透するようになり、徐々に住民の協力が得られるようになっていきました。

　建て替え時に各戸の前の道路が拡幅整備されるために、道路が蛇玉模様にギザギザに拡幅され、当初から、道路拡幅は息の長い事業であると、密集市街地の方々は認識したと思われます。

表1-1 東京都区部の狭あい道路拡幅整備事業年表[2]

開始年月	区	根拠法令など
S58.12	大田区	東京都大田区狭あい道路拡幅整備助成規則
S59. 4	荒川区	東京都荒川区細街路拡幅整備要綱
S59. 4	中野区	中野区生活道路の拡幅整備に関する条例
S60.10	世田谷区	世田谷区狭あい道路拡幅整備要綱
S60.12	足立区	東京都足立区細街路整備助成条例
S61. 4	北区	東京都北区狭あい道路拡幅整備要綱
S61.10	江東区	江東区細街路拡幅整備要綱
S62. 1	葛飾区	東京都葛飾区細街路拡幅整備要綱
S62.12	墨田区	墨田区細街路拡幅整備要綱
S62.12	目黒区	東京都目黒区狭あい道路拡幅整備要綱
S63. 4	豊島区	東京都豊島区狭あい道路拡幅整備要綱
S63. 7	品川区	品川区細街路拡幅整備要綱
H元. 4	杉並区	東京都杉並区狭あい道路拡幅整備条例
H 2. 4	板橋区	東京都板橋区細街路拡幅整備要綱
H 2. 7	江戸川区	セットバック道路の個別整備方針
H 2.10	文京区	文京区細街路拡幅整備要綱
H 4. 4	渋谷区	渋谷区狭あい道路拡幅整備助成金交付要綱
H 4. 5	台東区	台東区狭あい道路拡幅整備要綱
H 4.10	新宿区	東京都新宿区細街路拡幅整備要綱
H 7. 7	練馬区	練馬区狭あい道路拡幅整備助成要綱

＊事業開始年月は、各制度要綱・規則・条例施行開始年月日に基づく。
＊＊未実施区：中央区・千代田区・港区

1-5　阪神・淡路大震災から密集法の制定へ

　1995年1月17日早朝、阪神・淡路大震災が発生しました。高速道路が倒壊し、中間階が潰れたビルもあり、死者・行方不明者数は6千人を超え、関東大震災以来の大震災となりました。

　しかし、神戸市役所旧館の中間階が潰された被害に象徴されるように、地震により大きく見えた被害も、それらは旧耐震基準で設計された建物に多い状況でした。そして、新耐震基準で設計された建物は倒壊せず、新基準の安全性が実証された震災になりました。

　そして、問題視されたのは、長田区の火災に見られたように、密集市街地の火災でした。木造老朽住宅が密集する地区は、消火活動が十分に行われなかったということもあり、二次災害である火災は長時間燃え続けました。

　密集市街地が長時間燃え続けた原因は明らかでした。地震により、同時多発火災が発生し、多くの消防ポンプ車が出動することになりました。そして、多くの消防ポンプ車が一斉に消火活動をしたために、消火用水が不足となり、消火栓からはチョロチョロとしか水が出ず、多くの場所で、消火活動ができないという状況に陥りました。また、地下の水道管が断裂し消防用水が供給できないという事態も重なりました。そのため、消火栓には期待できないとして、神戸港から、数十本のホースを継ぎ足して消火用水を確保して消火活動したという記録もあります。

　このように、阪神・淡路大震災は、多くの専門家から指摘されてきたように、密集市街地の危険性が実証された災害にもなりました（口絵1～3）。

　専門家からは、改めて密集市街地の危険性が訴えられました。そして、国は、阪神・淡路大震災から2年後の1997（平成9）年5月に「密集市街地における防災街区の整備の促進に関する法律」（いわゆる密集法）を制定しました。この法律は、密集市街地の防災機能の確保と、土地の合理的かつ健全な利用に寄与する防災街区の整備を促進することを目的としたものです。これでやっと、密集市街地の整備が法律により位置付けられ、推進されるようになりました。

1-6　UR都市機構のコーディネート

　密集法の制定後、ノウハウやマンパワーを持つUR都市機構のコーディネートによる地方公共団体支援が本格的になってきます。1998（平成10）年にはUR都市機構の中に、密集市街地整備の専属部署が設置され、体制が整い、密集市街地の整備に本格的にUR都市機構が関わっていくことになりました。

　そして、都市計画道路の整備において道路用地の買収や建物の補償交渉、取得地を活用した移転用代替地の確保などに、これまで培ってきたUR都市機構のノウハウが十分に発揮されました。特に、都市計画道路の整備が短期間で完了するなど、事業のスピードアップがUR都市機構の特徴であり、地方公共団体の密集市街地整備に大きく貢献することになりました。

　2003年には密集法が改正され、防災街区整備事業が創設されました。これにより、都市計画道路などの骨格的整備に加え、非接道宅地や狭小宅地により道路が整備されるとますます住宅が小さくなるなどの理由でこれまでなかなか進まなかった街区内部の整備が進むことになりました。

　そして、UR都市機構では議論を重ね、密集市街地では道路整備や不燃化の促進による防災対策、安全性の強化という防災性の向上（ボトムアップ）ばかりではなく、地区の特性を活かした日常生活の質の向上、地区の魅力・価値の増進という暮らしやすいまちをつくる視点から、地域の潜在的な価値を見出し地域の価値を高める（バリューアップ）ことを念頭に、安全で暮らしやすい市街地の再生に取り組むことにしました。

　具体的に成果を上げているのが、主要生活道路の拡幅整備です。これまで4m未満の狭隘道路を4mに拡幅することが目標にされてきましたが、地域の安全性を高めるためには、地区の骨格となる主要な生活道路については、さらに広げて幅員6m以上に拡幅することを目標にしています。その主要生活道路を6m以上に拡幅することにUR都市機構は大きな役割を果たしました。この主要生活道路の拡幅整備は、沿道の不燃化による延焼遅延効果もあり、地区の安全性と利便性に整備効果の高い事業です。

1-7 東日本大震災、不燃化特区、そして 糸魚川市駅北市街地火災

図1-5　不燃化特区活用のイメージ[3]

　東日本大震災以後、国は密集市街地の整備を一段と加速させる取り組みを開始しました。2011（平成23）年3月に住生活基本計画が閣議決定され、「地震時等に著しく危険な密集市街地」について、2020（令和2）年までに最低限の安全性を確保する目標を掲げました。

　そして、東京都では2012年（平成24）1月に「木密地域不燃化10年プロジェクト」を策定し、主要な都市計画道路を特定整備路線と位置付け、2020年までに整備するとともに、特に重点的・集中的に改善を図る地区を「不燃化特区」と位置付け、2020年までに不燃領域率を70％に引き上げる目標を掲げ、現在19区、53地区で事業を実施中です（図1-5、1-6）。

　そして、2016（平成28）年12月22～23日にかけて、新潟県糸魚川市に大火災が発生しました。糸魚川市駅北市街地火災ですが、強風の影響もありこの火災によって、密集市街地の木造の住宅や店舗が火災になり、改めて密集市街地の危険性を認識することになりました（口絵4～6）。

1章　都内区部における狭隘道路拡幅整備事業

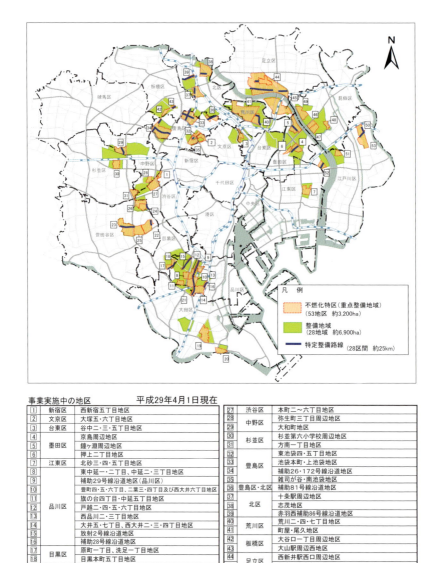

	事業実施中の地区	平成29年4月1日現在				
1	新宿区	西新宿五丁目地区	27	渋谷区	本町二〜六丁目地区
2	文京区	大塚五・六丁目地区	28	中野区	弥生町三丁目周辺地区
3	台東区	谷中二・三・五丁目地区	29		大和町地区
4	墨田区	京島周辺地区	30	杉並区	杉並第六小学校周辺地区
5		鐘ヶ淵周辺地区	31		方南一丁目地区
6		押上二丁目地区	32	豊島区	東池袋四・五丁目地区
7	江東区	北砂三・四・五丁目地区	33		池袋本町・上池袋地区
8		東中延一・二丁目、中延二・三丁目地区	34		補助26・172号線沿道地区
9		補助29号線沿道地区（品川区）	35		雑司が谷・南池袋地区
10		豊島四・五・六丁目、二葉三・四丁目及び西大井六丁目地区	36	豊島区・北区	補助81号線沿道地区
11	品川区	旗の台四丁目・中延五丁目地区	37	北区	十条駅周辺地区
12		戸越二・四・五・六丁目地区	38		志茂地区
13		西品川二・三丁目地区	39		赤羽西補助86号線沿道地区
14		大井五・七丁目、西大井二・三・四丁目地区	40	荒川区	荒川二・四・七丁目地区
15		放射2号線沿道地区	41		町屋・尾久地区
16		補助28号線沿道地区	42	板橋区	大谷口一丁目周辺地区
17	目黒区	原町一丁目、洗足一丁目地区	43		大山駅周辺西地区
18		目黒本町五丁目地区	44	足立区	西新井駅西口周辺地区
19	大田区	大森中（西糀谷、東蒲田、大森中）地区	45		足立区中南部一帯地区
20		羽田二・三・六丁目地区	46	葛飾区	四つ木一・二丁目地区
21		補助29号線沿道地区（大田区）	47		東四つ木地区
22	世田谷区	太子堂・三宿地区	48		東立石四丁目地区
23		区役所周辺地区	49		堀切二丁目周辺及び四丁目地区
24		北沢三・四丁目地区	50	江戸川区	南小岩七・八丁目周辺地区
25		太子堂・若林地区	51		松島三丁目地区
26		北沢五丁目・大原一丁目地区	52		平井二丁目付近地区
			53		南小岩南部・東松本付近地区

図1-6　木造地域不燃化10年プロジェクト不燃化特区地区位置図[4]

1-8　本書の目的

　これまで述べてきたように、国や東京都、そして各区が密集市街地対策を講じている中で、整備は実際どのような状況なのか。特に、狭隘道路の拡幅はあまり進んでいないのではないか、あるいは進んでいるのか。区によって異なりますが、昭和が終わる頃から始まった狭隘道路拡幅整備事業が約30年経過した現在、建て替え時に道路を中心線から2mセットバックする手法はどのような状況にあるのか。このような途中経過としての調査研究は行われていませんでした。いろいろ関係者に聞いてみると、密集市街地は動かない、まだ進んでいないという人もいれば、進んでいるのではないかという人もいました。

　都市計画の重要課題として取り組んできた密集市街地の整備について、あまり進展が無いのであれば、新たな手法を考えなければなりません。このような密集市街地の整備の進展状況に対する疑問を明らかにする必要があるという思いから、密集市街地の整備について調査をすることにしました。

　調査は、狭隘道路拡幅事業を実施している20区を対象に、各区から1地区ずつ選び、建て替えの状況と、狭隘道路の拡幅状況の現地調査を実施し、把握することにしました。そしてここ数年で調査を実施し、現在の段階でまとめることにしました。

　各区を見て歩きヒアリングした調査の結果を一言でいえば、狭隘道路の拡幅は着実に進んでいる、ということです。この結果は、ある意味で確信を抱かせるものでした。都市問題としての密集市街地の整備に、国、東京都、そして各区の都市計画で掲げた方針は間違っていなかったというのが感想です。しかし、それなりに課題もありました。

　本書では、これまでの調査の中から、密集市街地の最近の動向、ブロック塀、UR都市機構の貢献について報告したいと思います。そして、最後にこれからの課題について報告し、再度密集市街地への警鐘となった糸魚川市駅北市街地火災について触れたいと思います。

参考文献・引用文献

1) 東京都都市整備局HPより「東京都木造住宅密集地域整備事業」
2) 三船康道ほか「都内区部における狭隘道路拡幅整備事業の動向」
   『1996年度　第31回日本都市計画学会学術研究論文集』
3) 東京都都市整備局HPより「不燃化特区の制度」
4) 東京都都市整備局HPより「木密地域不燃化特区10年プロジェクト」

2章

密集市街地の道路拡幅整備の現状

2-1　狭隘道路拡幅整備事業とは

1　狭隘道路拡幅整備事業とその意味

　狭隘道路拡幅整備事業とは、幅員が4m未満の道路を幅員4mまで確保しようとする事業です。現実には建物が密集し、道路部分にはみ出して住宅が建設されているケースが多く、一度に道路の幅員を4mにするには不可能です。そのため、それぞれの建物の建替え時期に合わせてその建物が接道する部分の狭隘道路部分を道路中心線から2mまで道路として拡幅整備をするもので、L字溝を道路の中心線から2mまで後退させ、道路状に整備するものです。

　建て替えの時期と連動するため、1本の狭隘道路が4m幅員に整備されるのには時間がかかります。そのため、当初から都市計画の100年事業と言われていたものです。

　拡幅整備の意味について述べたいと思います。4m未満の幅員の道路は建築基準法42条2項によるいわゆる「みなし道路」という扱いで、建て替える時は道路中心線から2m後退して建設することが義務付けられています。この道路には公道と私道がありますが、ここでは私道について議論を進めたいと思います。

　公図を見るとわかりますが、狭隘道路部分の扱いは私道で公衆用道路です。道路に接道する土地の権利は所有者の宅地扱いです。しかし、実際に線は引かれていませんが、道路中心線から2m部分までは建築基準法上は道路扱いとなります。したがって、新たに建て替える時などの敷地面積は、道路中心線から2m部分までの面積が引かれることになり、少なくなります。そして、その少なくなった敷地面積に法定の建ぺい率と容積率がかかります。そのため、建て替えると面積が小さくなるわけです。

2　後退部分の扱い

　建て替えが終了し、L字溝を道路中心線から幅員2mの位置に設置し舗装をすると道路としての整備が終わります（図2-1）。そして、道路が後退した部分を分筆し公図と登記簿を公衆用道路と変更すると、その結果は都税事務所に回り、公衆用道路となった部分の固定資産税と都市計画税が非課税の対象と

図2-1 セットバックした例
建て替えによりL字溝も中心から2mの位置に後退。隣も工事中

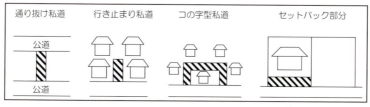

図2-2 非課税の対象となる道路のイメージ図[1]

なるかどうかを確認します。そこで確認ができれば非課税となります（図2-2）。

　一方で、敷地を後退し道路となった部分を分筆及び登記簿を変更しない方で、固定資産税と都市計画税の非課税扱いを希望する方は申告が必要になります。しかし、申告するには対象部分の面積が必要となります。

　ここで注意しなければならないのは、道路として拡幅した部分が植木鉢や冷暖房などの機器の室外機置場になっていたり、駐輪場になっていると非課税とは認められません。庇が出ていても認められません。道路と宅地がわか

るように工事することと、道路部分に通行の支障となる物が無いことが求められます。

　よく宅地からコンクリートで舗装されている状態のものがあります。その場合、宅地部分と道路部分に目地が入っている場合があります。このように宅地と道路がわかるようになっている場合は非課税の申告は認められます。しかし、非課税のための申告があると実態を判断するために調査が入ります。

3　耐震改修と簡易改修

　密集市街地の問題には、建物の問題もあります。本項では基本的に道路の問題を扱いますが、構造についても多少触れておきたいと思います。

　密集市街地では、建て替えが進まないため、木造の老朽住宅が多い地区となり、地震や火災に弱い地区になります。

　新築の場合は建築基準法を守ることにより、倒壊と火災に対して一定の安全性が保障されます。しかし、既存建物が基準に満たない場合は、耐震改修により安全性を向上させることになります。

　しかし、現実的に耐震改修には費用がかかります。高齢者夫婦や独居老人の場合、耐震改修の費用を負担することはなかなか考えられません。

　そこで一時期、墨田区が2006（平成18）年1月から開始した簡易改修が話題になりました。1棟をまるごと耐震改修するには費用がかかり、年金暮らしの高齢者には希望する方が少ないため、従前より上部構造評点を向上させ、地震時の避難時間の確保につながる簡易な耐震改修にも助成するという制度を創設しました。上部構造評点を1.0以上とする耐震改修に比べると、費用の面では取り組みやすいものとなっています。

　そのため、例えば一部屋でもいいから、地震に耐える避難するための強い部屋をつくるということもできそうです。そうすると、建物全てを耐震改修するわけではないので、費用は少なくて済みます。正式な耐震改修とは認められませんが、墨田区では希望者が多く、簡易改修は正式の耐震改修より多くの実績をつくりました。

　最近の状況を墨田区に聞くと、しばらくは簡易改修が多いという状況でしたが、ここ2～3年で状況が逆転し、正式な耐震改修をする方が増えてきたそ

うです。これには、行政、そして設計士の集団である耐震化推進協議会の啓蒙活動が大きな役割を果たしているのではないかということです。

東京都では、このように住宅の耐震化を支援するために、建て替えや改修を行った住宅に対して、固定資産税や都市計画税の減免を行っています。

新築の場合、新たに課税される年度から3年度分について居住部分に限り全額減免しますが、新築の翌々年の2月末までに申請が必要です。

耐震化改修の場合、翌年度分の税金について耐震改修減額適用後全額減免になりますが、改修完了後3カ月以内の申請が必要です。

一方で、建物としての資産価値はアップするので、建物の評価額は上がります。この額は、実際の改修にかかった費用や売買した金額とは別に評価されます。このような改修についての調査は、航空写真や現地調査により確認しています。

4　密集市街地の問題
狭隘道路を整備されないための工夫：査察無き違反

建築基準法により建物をセットバックして建設する、というところまでは良いのですが、法律には道路空間を確保し整備することが触れられておりませんでした。そのため、地権者が庭の確保を図り、塀などがそのままに残され、道路がなかなか広くはなりませんでした。

また住民にあっては、建て替えによりセットバックすると現在の住宅より小さくなるため、なかなか建築行為に踏み切れない、ましてや高齢の独居老人は、「地震があると危険だから」、「火災になると危険だから」と言われても、残りの人生を考えるといまさらお金をかけて耐震改修や防火対策をすることも考えられず、ヒアリングやアンケート調査をすると「死ぬまでこのままで良いです」という返事が返ってきました。

そのため、古くなった家を改修しながら使い続ける方法が模索されました。一つは建物の大きさを変えずに改造する方法です。建築基準法の範囲内でどの程度改造できるか、建築士としての見せどころになりました。

図2-3　新築そっくりさんの例
右から2軒目が新築そっくりさんによりリフォームした例。新築のコンクリート造のようだが、建物はセットバックされず、道路は狭いまま。

　また、以前の建築基準法では10㎡以内なら確認申請が不要と認められていた時期があり、そのため、10㎡未満の6畳の部屋を時々増築していく方法などが話題になったこともあったようです。本来なら建築基準法に違反をしているわけですが、確認申請が不要のためチェックがされないという隙をついた方法です。こういうことが建築士の腕の見せ所のようなことがあったようです。

リフォーム業者の台頭
　一方で、住宅のリフォーム業者の台頭もありました。建て替えより工事費がかからないリフォームで住宅を新しくしようという趣旨です。
「新築そっくりさん」などは良く知られた例です。「新築そっくりさん」は外観は全く新しくなるため、見た目は新築のようになり、評判となって全国的にも良く知られるようになりました（図2-3）。そして、徐々に密集市街地にも希望する方が増えてきました。

リフォームのため確認申請が必要とされず、居住者は建て替えると小さくなるという不都合を回避することができ、以前のままの住居で住むことができます。そして、「新築そっくりさん」もただリフォームをするのではなく、要望に応じて耐震改修も実施するようになってきています。

　しかし、このようなリフォームの場合、密集市街地では狭隘道路の拡幅は進みませんでした。そのため、行政ではそのことを問題視し、このようなリフォームでも、役所に相談があれば、道路拡幅のため、道路後退部分には造らないように、元の住宅より小さくする「減築」という方法を指導するようになりました。

　確認申請が不要なので、一時期密集市街地では、このようなリフォームも話題になりました。どれだけ実績を上げたのかはわかりませんが、ここ数年では少なくなってきたように思います。

5　30年経過して──啓蒙が進む

　狭隘道路拡幅整備事業は、その開始当初は、建物は道路中心線から2m後退するのですが、私道部分の拡幅にはなかなか協力をいただけませんでした。それは、建築基準法には、建物の後退は位置付けられていましたが、塀の後退のように、道路中心線から2m部分までの道路空間としての確保については触れられていなかったからです。

　そして、後退部分はあくまでも個人の土地であり、道路としての拡幅部分に塀や樹木があったとしても、それらは所有者の財産であり、塀の撤去や樹木の撤去には所有者が自主的に撤去するしか方法が無かったからです。

　そのため、道路空間としての整備には、住民から「承諾」を求める方法も採用されました。しかし、事業を開始してからしばらくの間、住民からは、L字溝を道路中心から2mの位置に設置することをなかなか「承諾」をしてもらえないことも多くありました。

　それは、他の方々もまだ道路拡幅の協力には積極的ではないこと、住宅が少し小さくなったとしても、庭は自分の権利として確保しておきたいという思い、そして、塀や樹木撤去のための補助金はなく自己負担になるためと思われました。

そしてしばらくは、建物や塀を後退させたとしても、L字溝を道路中心から2mの位置に設置し道路整備するのはきわめて低い割合でした。その代わり、敷地境界に目地を入れる、後退部分を緑地にする、塀は後退させてもL字溝は現状のままにしておくなどの100%の整備ではない状況で整備していました。

　また、前述のようなリフォーム業者の台頭など様々な状況もあり、狭隘道路の拡幅整備はやはり進まないと思われていました。

　しかし、15年を過ぎてからでしょうか、道路は中心線から2mまで拡幅整備するものという法律の意識が住民に浸透してきたようです。徐々に新築における道路拡幅整備の割合が増え、現在は、道路拡幅整備は当然のこととして認識されるようになったようです。区役所に聞くと、現在では新築の場合、各区とも道路拡幅整備は100%になっているのではないかと思われるくらいです。これには、事業を推進する行政の啓蒙活動と、法律を遵守するという建築士の果たした役割も大きかったと思います。

6　新たな課題

100%整備ではない以前の整備を100%整備に

　現在、L字溝の2mの後退による道路の拡幅整備は100%行われているようですが、その状況から見ると、事業を開始した当初の頃に対応していた目地だけの対応や、緑地にしていたあるいは塀は後退させたがL字溝は後退させていない、などの100%の整備ではない対応により積み残してきた部分が、残された未整備の部分として目立つようになってきました。そのため、今後は、当初に整備したこのような不完全な状況を、ある時期に一斉に整備するというようなことも課題になると思われます。その場合、その場所の条件によっては、現状を活かしながらインターロッキング舗装などで歩道状の整備をするのも良いかもしれません。

残された電信柱の整備

　建物を後退させる、あるいは塀を後退させると、残された道路空間に、電信柱が中央に残されたようになります。建物を後退させ車を通りやすくしたつもりが、まだ電信柱が残されているため、車の通行に支障がある、消防活

動に問題があるという問題は残ります。この状況はあちこちで見られます。道路が拡幅されたとしてもその都度の電信柱の移設は難しいため、まとめて移設することになるのでしょうが、道路の中央近くに残された電信柱が目立つ状況になってきました。

　そのため、徐々に電信柱の移設を検討したほうが良いところが増えてきたように思います。台風などで風が強い場合、電線が切れる場合もあります。切れた電線が強風により道路の中心付近で暴れていると危険です。そのような面もあり、どこかの時点で一斉に整備することが課題になると思われます。

　これまで各区の狭隘道路整備の状況を視察してきました。そして、L字溝を道路中心から2m後退し道路状に整備している状況とそうではない状況を地図上にプロットし整理してきました。今回、そのような現地調査を踏まえ、実態を写真により整理しました。

　最初に密集市街地の危険要素、続いて主要生活道路及び狭隘道路整備の現状を見たいと思います。特に狭隘道路の整備については、大規模開発によるもの、建売業者によるもの、個別建替えによるものの順に整理し、狭隘道路の拡幅工事の状況を紹介しています。

　そして、これからの課題として、拡幅の可能性、拡幅のための課題、拡幅を阻むもの、残された課題として電信柱を取り上げています。

2-2　密集市街地の危険要素

(1) 地区の出入口（図2-4）
　幹線道路から街区内部に入ると密集地区となる、その出入口です。前の2軒とも防火造ですが震災時の避難に問題があり、また消防隊の侵入が困難です。

(2) 裸木造（図2-5）
　狭隘道路の多い密集地区には裸木造もあり、火災時には延焼する可能性が大きく、避難に危険です。

(3) 植木鉢（図2-6）
　密集地区の路地空間には潤いを出すために植木鉢が多いです。しかも、高く数段積む場合が多いです。しかし、震災時に、これらの植木鉢が転倒し散乱すると避難時の障害物となります。

(4) 自転車（図2-7）
　密集地区では車が使いにくく、自転車を使う方が多いです。しかし、自転車を敷地内に収めることができず道路に置かれます。これが震災時に転倒すると、避難時の障害物となります。

(5) 曲がりくねった道路（図2-8）
　密集市街地では直線状ではなく曲がりくねった状態の道路もあります。視界も良くなく、震災時に迅速な避難に支障があります。

(6) 道路にはみ出す緑
　密集地区には日常的に適切な管理が行われていない家や庭もあります。樹木が道路にはみ出ていると、震災時の避難に危険です。また、樹種によっては火災時に危険です。

(7) 頭上（図2-9）
　敷地の狭い密集地区では、頭上も危険です。住宅が狭いため、2階のバルコニーが道路にはみ出している場合があります。震災時の避難時に危険です。

(8) ブロック塀
　密集地区にはブロック塀が多いです。敷地が狭いため転倒防止のための控え壁がなかなか設置されていないブロック塀が多いです。転倒すると事故死に繋がります。

図2-4

図2-5

図2-6

図2-7

図2-8

図2-9

2章　密集市街地の道路拡幅整備の現状

2-3　主要生活道路の整備

　主要生活道路とは幅員6〜8m程度の道路のことです。密集市街地では狭隘道路が多く、それらの狭隘道路が幅員4mに拡幅されたとしても安全性を考えるうえでは不十分です。そのため、幅員が6m以上の主要生活道路を要所に整備することにしています。このような主要生活道路がネットワークされることによって、市街地の安全性は高まります。

　ここでは、主要生活道路の整備が進んでいる2地区の例を紹介します。1カ所は地区内にリング状の主要生活道路を計画している墨田区京島地区と、直線状の計画をしている葛飾区東四つ木地区です。

1　墨田区京島地区

　墨田区の京島地区は、概ね5年毎に行われる東京都の「地震に関する地域危険度測定調査」で、かつては総合1位になったこともある地域です。

　そのため、地域の安全性については関心が高く、東京都では1974（昭和49）年度から調査を始め、墨田区では1979（昭和54）、1980（昭和55）年度に市街地整備計画を策定しました。

　そして、京島地区では1981（昭和56）年6月23日に第一回まちづくり協議会を開催しました。その後、住環境整備モデル事業など様々な取組みを行ってきました。そして、最近では「木密地域不燃化10年プロジェクト」の不燃化特区制度先行実施地区として、以下の方針で整備を実施中です。

（1）まちづくりの目標
　1）京島にふさわしい良好な住環境のまち
　2）住商工が一体化した職住近接のまち
　3）地震・火災に強い安全なまち
　4）人口の定着を図るべく活気のあるまち

（2）計画の柱
　1）生活道路の計画
　2）建物の計画
　3）コミュニティ施設の計画

(3) 生活道路の計画について

生活道路については、次のような計画が立てられています。
1) 地区の将来目標を実現するうえで、最小限必要となる主要な生活道路を拡幅・整備する。
2) 主要生活道路の役割として次の3点を考える。
   ・防災のための役割
   ・車サービスのための役割
   ・歩行のための役割
3) 主要生活道路を適当な間隔(100m程度)、幅員(6〜8)mで計画する。
4) できるだけ現道を尊重して計画する。

(4) 主要生活道路の実現状況

計画では、地区の中心になるべく、京島2丁目と3丁目にまたがるリング状の幅員8mの主要生活道路を計画していますが、現在、3丁目のリングは整備済みで、2丁目の整備完了が待たれています(図2-10〜2-12)。

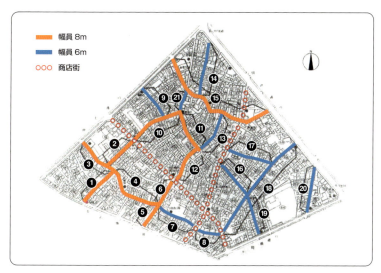

図2-10 墨田区まちづくり計画、主要生活道路の計画[2]

京島2丁目と3丁目の間の幹線道路から主要生活道路への出入口。右側は工事中の建物

主要生活道路沿いに残された建物。正面に見える一軒が残されていた

図2-11　2015年10月の状況

完成した幹線道路から主要生活道路への出入口周辺。ポケットパークもあり広い

残された建物撤去後の状況。3丁目側のリング状の主要生活道路の完成の状況見晴らしが良くなった

図2-12　2019年2月の状況

2　東四ツ木地区の南部地区

　東四ツ木地区は老朽住宅が密集し、災害時における延焼の危険性が高い地区です。さらに地区内には狭隘道路が多く、消防活動困難区域が広がっており、災害時における対応が困難な区域でもあります。

　加えて、オープンスペースが少なく、地震による建物倒壊や火災による延焼のおそれなどが高い地区になっています。また、幅員4m未満の狭隘道路が多く、火災時における消防ポンプの活動や避難路の確保も困難な状況です。

　そのため、住宅の接道状況が悪く、建物の更新や車のアクセスも困難で、結果的に危険性の増大や人口の流出を招き、居住人口の減少と高齢化の進展が進んでいます。

　以上のような状況から、地区計画と密集事業によるまちづくりを行ってきましたが、2013（平成25）年12月から不燃化特区制度を活用することにしました。

(1) 防災街区整備地区計画

　防災街区整備地区計画の方針は次のとおりです。

- まちの将来像に基いて建築物の規制・誘導、公共施設（道路・公園など）の配置についてのルール化を図る。
- 将来にわたり永年的にルールを適用する。

(2) 密集事業

　密集事業の方針は次のとおりです。

- 早急な整備が必要な公共施設（道路・公園など）について補助事業を活用して整備を図る。
- 事業期間（原則10年）を設定し、集中的に整備を実施する。

　密集市街地の住環境改善・防災性向上に向けて次のことを行います。

　　主要生活道路の整備

　　公園・広場の整備

　　老朽住宅の建て替え

　ただ、密集事業の課題としては、未買収用地について特に「急所」の取得が必要ということがあります。

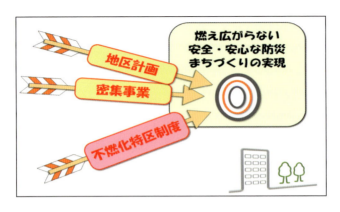

図2-13　葛飾区東四ツ木地区(南部)主要生活道路計画未買収用地(赤線部分、特に急所)の取得[3]

(3) 不燃化特区制度

　震災時に特に大きな被害が想定される木造密集地域について、東京都と区とが連携し、「燃え広がらないまち、燃えにくいまち」になるよう、災害に強いまちづくりを推進します。

　不燃化特区指定区域では、これまでの「地区計画」や「密集事業」の取り組みに加えて、「燃え広がらない安全・安心な防災まちづくりの実現」に向けた第3の矢とし、「主要生活道路の整備」の早期実現を目指しています(図2-13〜2-15)。

道路がまだ拡幅されていない

道路が拡幅された

電信柱がまだ中心寄りに残されている

電柱も移設された

道路部分も狭く、電柱も中心寄り

道路が拡幅され、電柱も移設された

図2-14　工事中の主要生活道路・三丁目道路2の状況（2016年1月）

図2-15　拡幅整備された主要生活道路・三丁目道路2の状況（2019年2月）

2-4　狭隘道路の整備の状況

1　整備のあり方

大規模開発による整備

（1）都市計画道路整備による再開発に付随して整備（図2-16）

　右側の都市計画道路整備により再開発が行われ、狭隘道路も拡幅されます。

（2）再開発に付随して整備①（図2-17）

　両側の再開発により、狭隘道路も拡幅されました。

（3）再開発に付随して整備②（図2-18）

　右側の再開発のおかげで、狭隘道路が拡幅整備されました。

（4）マンション建設による整備②（図2-19）

　中規模のマンションの建設により狭隘道路を拡幅整備した例です。

図2-16

図2-17

図2-18

図2-19

〈中延二丁目旧同潤会地区防災街区整備事業〉

　大規模な開発として最近竣工した例を紹介します。品川区の中延二丁目旧同潤会地区は、2017（平成29）年6月より防災街区整備事業としてマンション建設工事が進められてきましたが、2019（平成31）年3月に竣工し入居が始まりました。

従前の地区の概況

　当地区は、品川区の西部、中延二丁目の面積約0.7haの区域で東急池上線「荏原中延」駅の北西徒歩4分の位置にあり、北側には区立中延小学校が面しています（図2-20）。

　旧同潤会により関東大震災の復興住宅として整備された地区の名残を残した地区であり、長屋を含む木造住宅が密集していました。

　周辺地区と比較しても密集度が高く、木造住宅が9割以上、旧耐震構造の建物が8割を超える状況でした。地区内の敷地の約半数が60㎡未満の狭小敷地で、かつ道路のほとんどが幅員2m未満となっており、非接道の敷地もありました。そのため、消防活動や単独での建替えが困難な状況となっており、震災時における危険性が懸念される地区でした（図2-21、2-22）。

事業の目的

　中延二丁目旧同潤会地区を含む東中延1・2丁目、中延2・3丁目地区では、2007（平成19）年4月から密集事業（住宅市街地総合整備事業（密集住宅地整備型））が開始されました。2013（平成25）年度には、東京都の「木密地域不燃化10年プロジェクト」の「不燃化特区」に指定され、そして、今回の中延二丁目旧同潤会地区防災街区整備事業はその地区のコア事業として位置付けられてきました。その目的は、当該地区の火災又は地震発生時における延焼防止及び避難上の機能の改善により、密集市街地全体の防災性能の向上を図ることです。また共同化により、都市型住宅を整備し、合理的かつ健全な土地利用による土地の細分化及び狭隘道路の解消と居住機能の更新を図ることです。そしてさらに、歩行者空間や緑化空間を整備し、都市機能の向上を図ることを目的としています。

従前の権利者は140名でしたが、195戸の住戸数が計画され完成しています（図2-23、2-24）。

図2-20　位置図[4]

図2-21　上空からの地区内の様子（2017年1月）[4]

※写真提供：中延二丁目旧同潤会地区防災街区整備事業組合

図2-22　共同建替え前の様子

小学校に面した外観　　　　　　　　　　　　中庭

小学校に面した側を低く抑えた外観

図2-23　中延二丁目旧同潤会地区に建設された都市型住宅

2章　密集市街地の道路拡幅整備の現状

図2-24　1階平面図[4]

建売住宅による整備

(1) 2戸の例（図2-25）

　土地が売りに出て、建売業者が購入し、建売住宅を2軒建設した例です。

(2) 数戸の横並びの例（図2-26）

　建売住宅が5〜6戸建設されると道路環境は一気に変わります。木造の3階建てが立ち並び、道路が拡幅された例です。

(3) 奥行きのある敷地4戸の例（図2-27）

　奥行きのある敷地で4戸の場合、前後に2戸ずつの配置になります。駐車スペースがあるため、ゆとりある空間となります。

(4) 角地の例（図2-28）

　角地が建て替え、狭隘道路を拡幅すると開けた状況になります。

図2-25

図2-26

図2-27

図2-28

個別建替えによる拡幅整備

(1) 蛇玉状のギザギザの道路（図2-29）

　個別建て替えの時期は、それぞれ異なるため、結果的に道路はギザギザ状になります。

(2) 出会いのスペースに（図2-30）

　両側が個別建替えで拡幅され、出会いのスペースになっています。

(3) 自転車置き場に（図2-31）

　両側が個別建替えで4m幅員に拡幅され、自転車置き場になっています。

(4) L字溝後退（図2-32）

　建替えにより後退整備し、隣同士と拡幅に貢献し道路を創造しています。拡幅が連続すると道路上にはあまり物が置かれなくなります。

図2-29

図2-30

図2-31

図2-32

2 狭隘道路の拡幅工事の状況

　ここでは、台東区の谷中3丁目の実際の狭隘道路の拡幅工事の状況を紹介します。4年前に撮影した写真もあり、工事中の写真と順を追って拡幅までに至る状況を紹介したいと思います。この道路は出入口が幅員2m未満の狭隘道路でした。工事は丁度その中央部で行われました。今回の工事の前に隣の家は建て替えを行い、道路を拡幅整備を終了していました。

(1) 2015（平成27）年2月1日（日）（図2-33）

　谷中3丁目の2015年2月1日の状況です。手前の家では建て替えを行い、それに伴い道路中心から2mの道路拡幅を行っていました。

(2) 2019（平成31）年1月5日（土）（図2-34）

　2018（平成30）年の暮れまでに奥の家が建て替えにより後退し、道路中心から2mの部分は土の状態で、道路整備を待つ状況になっています。

(3) 2019年2月1日（金）（図2-35）

　道路の舗装工事の前に、建物からの配管を道路上のマンホールに接続しなければなりません。現在、配管工事の作業中です。

(4) 2019年2月4日（月）（図2-36）

　配管工事が終了し、土を埋め戻した後で、道路の舗装工事に入ります。舗装工事には路盤の基礎から工事をしなければなりません。写真は基礎となる砕石を入れて、ランマーで転圧している状況です。

(5) 2019年2月4日（月）（図2-37）

　砕石が転圧されると、次はいよいよアスファルト舗装工事です。砕石の上にアスファルトを敷均し、ローラーで転圧します。この作業は周辺部分との高さの調整を行います。

(6) 2019年2月6日（水）の状況（図2-38）

　道路工事が完了した状況です。手前の隣家と合わせて、2軒が拡幅された状況になりました。工事を担当した方々にヒアリングをすると、このような狭隘道路の舗装工事は機械が入らず手作業になり、通常の工事より大変だということです。

図2-33

図2-34

図2-35

図2-36

図2-37

図2-38

※図2-35～2-37は早川建設株式会社提供

2-5 これからの課題

1 拡幅の可能性

(1) 塀も連続して後退（図2-39）

　右側は、個別建て替えの連続による状況で塀も後退させたために、L字溝の後退整備が可能です。歩道状に整備してもよさそうです。

(2) コーナー部（図2-40）

　L字溝を後退させず歩道状になっています。L字溝の後退整備が可能ですが、今のままの歩道状でもよさそうです。

(3) 塀の後退済み（図2-41）

　建物と塀は後退しましたが、L字溝がそのまま残されました。距離が長く、L字溝の後退整備が可能ですが、歩道状整備でもよさそうです。

図2-39

図2-40

図2-41

図2-42

図2-43　　　　　　　　　　　図2-44

(4) 植木鉢置場（図2-42）

　L字溝が後退されずに残り、そこに植木鉢が置かれています。距離が長く、L字溝の後退整備が可能ですが、歩道状整備でもよさそうです。

(5) 1ヵ所だけ残された部分（図2-43）

　当初は、周辺に意識しL字溝は後退させなかったようですが、周辺がL字溝を後退整備したため、1ヵ所だけ残された例です。ここのL字溝を後退整備すると道路は通しで拡幅されます。

(6) 緑地部分

　塀は後退したが、縁石は残りその間を緑地としています。縁石の後退整備が有効です。歩道状整備でもよさそうです。

(7) 整備の狭間で残された場所（図2-44）

　手前側の道路拡幅整備と、奥の方の道路の拡幅整備との狭間で残された部分です。このようなところも多数残されています。

2　拡幅のための課題

残された駐車場の整備

　狭隘道路の拡幅整備を考えた場合、建物や塀を後退しなくても良いものに駐車場があります。しかし、建物ではなく駐車場だからといって、簡単に拡幅できるものではありませんが、空間的に道路の拡幅整備をするには可能性がある場所です。このような駐車場の権利者と協議し、拡幅することも課題です。

図2-45

図2-46

図2-47

（1）駐車場のみが残された状況①（図2-45）
　駐車場と砂利敷きの出入口部分が拡幅されると、拡幅道路として貫通します。
（2）駐車場のみが残された状況②（図2-46）
　駐車場が角地にあり、通行の支障になっています。この部分が拡幅されると、通りやすくなります。
（3）駐車場のみが残された状況③（図2-47）
　左側の手前の道路は拡幅されていますが、L字溝は前方の駐車場のフェンスの位置にあります。駐車場の部分が拡幅され、L字溝を後退させるか歩道状整備も可能です。

図2-48

図2-49

図2-50

残された緑地の整備

　狭隘道路の拡幅整備の可能性の中には、庭の緑地の部分があります。それは建物と違って庭であり、その点から拡幅が可能と考えられます。しかし、居住者にとって庭の緑地は重要な憩いのスペースです。その緑の部分が、みなし道路という道路拡幅スペースにあり、かつまた、その場所が角地で、その部分さえ拡幅できるとその道路は4m幅員道路として貫通する場合があります。

(1) 庭の緑（図2-48）

　左側は、住宅は後退していますが、庭の緑が通りにくくしています。この部分が撤去され拡幅されると、拡幅道路が貫通します。

(2) 道路角地の緑（図2-49）

　左側は角地で建物は鉄筋コンクリートで後退していますが、緑が道路に出

ています。この緑の部分が撤去され拡幅されると、主要生活道路に拡幅道路が貫通します。

(3) 道路角地の庭の緑（図2-50）

　左側の住宅が建替えられL字溝も後退しましたが、隣家のブロック塀に囲まれた庭が残っています。その先を左折すると、幅員2m未満の狭隘道路が続きます。ここが後退すると、通りやすくなります。

3　拡幅を阻むもの

境界の塀

　密集市街地に良く見られる状況に、隣地との境界塀の存在の問題があります。具体的にいうと、隣地との境界塀が道路部分まではみ出している問題です。密集地だからこそ、隣地との境界は重要な意味を持っています。

　狭隘道路整備という面からみると、これら隣地との境界塀が道路部分へはみ出している部分は、拡幅整備を阻んでいるように影響を与えています。しかし、はみ出している部分は部分的であり、拡幅の可能性は大きいと思えます。ここでは、それらの状況を見ます。

(1) 植木鉢と自転車置き場（図2-51）

　ここには2カ所の境界塀が見えます。手前の塀では植木鉢が、その向こうでは自転車置き場が隣地と明確に分けられています。権利者によって使い方が異なる例です。

図2-51

図2-52

図2-53

(2) 自転車置き場を区分（図2-52）

　隣地とは自転車置き場を確保するため、塀が有効に区分しています。自転車置き場を確保したい側からみると、塀の撤去は難しい問題です。

(3) 道路に突き出た大きな塀（図2-53）

　高さの高いブロック造の境界塀が狭隘道路に突き出た例です。この塀の道路部分が撤去されていると広くなります。

物置など

　敷地規模の小さい密集市街地に良く見られる状況に、物置の設置があります。住宅を建て替えてしばらくして、外置きの物置が必要になります。その時にみなし道路の部分を利用して、物置を置くケースが多いです。仮設として貸し物置の設置置場になっているケースもあります。

　そして、物置ばかりではなく、クーラーなどの設備機器の屋外器の設置置場や自動販売機の置場にもなります。

(1) 物置（図2-54）

　L字溝を後退させず、みなし道路部分を物置の設置置場として利用しています。仮設物ということで、その置場として利用されています。

(2) 自動販売機置場（図2-55）

　自動販売機の置場として利用されています。建物は後退していますが、道路は拡幅されていない例です。角地の場合も多いです。

図2-54

図2-57

図2-55

図2-58

図2-56

図2-59

物置など

小さな増築

2章　密集市街地の道路拡幅整備の現状

(3) レンタル物置（図2-56）

　レンタル物置として賃貸している例です。隣家が建て替え狭隘道路を拡幅しましたが、レンタル物置の敷地の部分が道路の拡幅から残された例です。

小さな増築

　ここでは狭隘道路の拡幅整備を阻むものとして、建物は建て替えてもL字溝は後退せずに、後年その場所に下屋を増築しているケースを取り上げます。

　周辺が道路の後退整備をしないため、徐々に増築したとも思われますが、このような状況はL字溝の後退設置を阻んでいます。ここでは特に、角地にある状況を紹介します。

(1) 小さな増築①（図2-57）

　左側の建物は鉄筋コンクリート造で後退していますが、犬走り部分に下屋を増築しています。角地のため、通行や震災時の避難の支障になっています。

(2) 小さな増築②（図2-58）

　商店街から入る狭隘道路で建物は後退していますが、犬走り部分に下屋を増築しています。角地のため、通行や震災時の避難の支障になっています。

(3) 小さな増築③（図2-59）

　みなし道路部分にブロックで小屋を増築しています。簡単な構造ですが、角地のため、通行や震災時の避難の支障になっています。

4　残された電信柱

　たとえ狭隘道路が拡幅整備されたとしても、まだ残された問題があります。それは電信柱の問題です。道路としては広くなったのですが電信柱が元のままの位置にあり、そのため、車ではまだ通れないとか曲がれないなどの問題があります。ここでは、そのような電信柱の例を見ます。

(1) 残された電信柱①（図2-60）

　右側の住宅の建て替えにより塀が後退し、電信柱と支線が残されました。

(2) 残された電信柱②（図2-61）

　建物は後退しましたが道路部分は後退せず植木鉢置場になり、電信柱が残された例です。せっかく角地なのに、移動して欲しいところです。

図2-60

図2-61

図2-62

(3) 残された電信柱③（図2-62）

　右側の建物の建て替えに際して、電信柱が残されました。角地で、建て替えに当たり隅切りまで設けているのに、電信柱が支障となっています。

2章　密集市街地の道路拡幅整備の現状

2-6　課題への対応

　今回は、狭隘道路整備における特徴的な課題を写真で整理して取り上げました。ここではそれらの課題への対応について少し整理したいと思います。

　そして、このような課題に対応するためにも、一度現状把握の調査を行ってはどうかと思います。これから述べられる内容を抽出できると思います。

1　取り残された部分

　この中では、狭隘道路拡幅整備事業が開始された当初に、塀は後退したがL字溝が2m後退していない箇所などのように、幅員は確保されたが100%の整備ではないというように、取り残された部分の整備が課題として浮き上がってきました。ここでは良く見られた状況についての対応を整理します。

数軒が連続して塀を後退

　図2-39のように、連続した数軒が塀まで後退させている例がありました。これは、最初に建て替えた家の時に塀は後退させたがL字溝まで後退させなかったために、続いて建て替えた家においても最初の家に倣い、塀を後退させたがL字溝はそのままにしておいたものと思われます。その結果、数軒分が同様に連続して塀を後退しましたが、L字溝は後退していない状況となったとも思われます。

　このような場合、時期を見て一斉にL字溝を後退させる、ということが良いように思われます。後退幅にもよりますが、L字溝はその位置にしておいて、塀とL字溝の間をインターロッキングなどで歩道状に整備することも良いように思われます。

　なお、ここでは数軒が連続した場合としていますが、図2-41のように、大きな家の場合、1軒の家で長い距離の塀の場合もあります。そのような場合もこの整備の範疇に含まれ、L字溝を塀まで後退させても良いのですが、塀とL字溝との間の状況を見て、歩道状に舗装整備することでも良いと思います。

　図2-42のように、塀とL字溝の間が植木鉢置場や緑地となっている場合も同様です。しかし、緑地では道路としての利用には問題がある場合もあり、歩

道の利用を検討し道路状に整備するのが良いと思います。

残された1カ所

　図2-43のように、残された1カ所のみが拡幅されれば、幅員4mの道路が貫通するというようなところもいくつも見られました。しかも、図2-49のように残された1カ所は建物ではなく庭であったというような場合も多くあり、また、図2-45、2-46のように駐車場の場合もありました。

　このような場所は、いわば事業開始当初に協力を得られなかった場所だった場合もあり、あるいは狭隘道路拡幅整備事業が始まる前に建物だけは後退しており道路整備はしなかった、そして以前から駐車場のような場合は建築行為がなかったので拡幅整備というような状況にはならなかったなど、そのような状況で今まで残された1カ所の部分と思われます。このような形で残された1カ所をどうするかという問題です。

　このような部分をどうするかということで、住民にお伺いしたことがありました。町会活動が比較的活発な町会なので聞いてみたのですが、住民から当事者に話すかということに対しては、「できない」ということでした。こういう場所こそ、行政にやって欲しいとのことでした。今できている人間関係を悪化させたくないということでしょう。

　残された庭や駐車場の1カ所の整備により4m幅員の貫通道路が整備できるならば、積極的に貫通道路整備のためにお願いすることも、行政の役割になると思われます。

整備の狭間で残された場所

　整備の狭間で残された場所もよく見られます。図2-44や図2-63のように、整備された状況もあります。土地の所有権の関係で、道路部分として後退に同意できなかった方のところが残るわけですが、これが、わずかな部分しか残されていない場合が多いです。

　面積でいうならば1㎡も無いようなところが私有地として道路に残されています。通行には支障の無いケースが多いのですが、道路としての整備という観点からは、時期を見てお願いし一斉に整備することも良いのではないかと

図2-63

思われます。

2　拡幅を阻むもの
境界の塀

　図2-51〜2-53のように、隣地との境界に設置された塀が道路部分に少し出ている例です。これもやっかいな問題です。この塀があるために建物の前に少し自宅の庭のような空間を確保でき、そこに自転車やバイク、そして植木鉢を置いています。そのため、道路を拡幅整備しにくい状況になっており、車が使いにくい道路にもなっています。

　そして特に、境界線上にある塀は隣家との共有の場合があり、1軒の家だけの判断では撤去できないという状況もあります。そのような状況が、塀を撤去し道路の拡幅整備を阻んでいます。

　このような場所についても、時期を考慮して、行政から声をかけることが良いと思われます。

物置など

　図2-54〜2-56のように、物置などを道路部分に置いているのも、敷地規模の小さい密集市街地によく見られる状況です。建物は後退させますが、道路としてL字溝は後退させずそのままにしており、そこから建物までの空間に物置を置いたり、空調機の室外機を置いたり、そして自動販売機を設置して

いる例もあります。

　このような移動可能なものの場合は、移動するスペースさえあればまだ何とかなりそうです。しかし、他にスペースが無く、建替えをしない限り無理そうな状況の場合も見受けられます。それが道路に1カ所であれば、貫通道路の実現を目指すということで撤去をお願いできるかもしれませんが、建替えをしなければ無理そうな場合は時期を見た対応が望まれます。

小さな増築

　図2-57～2-59のように、建物は後退して建設したが、道路としての空間を確保した部分がまだ拡幅整備されない状況の中で、そのスペースが小さな増築に充てられたケースが見られました。写真では90cm程度の増築もありましたが、30～60cm程度の増築はよくあるのではないかと思われます。

　しかしこのように、一旦増築されると、それは拡幅整備を阻むものとして存在することになります。建物として不動産の一部になっており、これまで見てきた中では最も拡幅しにくいケースです。

　しかし、基本的にはこのような増築は認められないものです。そのため、状況を見て、それが道路に1カ所であれば貫通道路の実現を目指すということで撤去をお願いできるかもしれませんが、特に大きい場合は周辺の方々の意見も聞き、時期を見て行政による対応が望まれます。

3　わずかに残された後退距離

　今回は特に取り上げませんでしたが、わずかな後退距離の場合があります。ここではそのようなケースについても触れておきたいと思います。

　狭隘道路には10cm程度のようにわずかに後退すれば良いような道路もあります。このような道路は比較的広いため、一見して拡幅整備された道路のように見えます（図2-64）。右下にL字溝の右側に道路拡幅の緑色のプレートが見え、その左側に道路の縁石が見えますが、幅員4mに拡幅したように見えます。このような道路の場合、L字溝を後退整備しているところとしていないところも見受けられました。塀が後退しているがL字溝が後退していない、しかし不都合はない、というような場合もあります。

図2-64
右下に緑色のプレートが見える

図2-65
右側が10cm程度の拡幅をしている

　およそ、20cm未満の後退整備が必要な道路は、それほど狭い道路には見えません。塀が設置されているというなら問題があるでしょうが、塀が無い場合もあります。
　また、これも10cm程度の拡幅ですが（図2-65）、拡幅を実施している例です。こういう、わずかな後退距離については、適当な時期に一斉に後退させるのが良いように思います。

4　残された電信柱

　個別建替え方式の問題は、一度に道路が貫通しないことです。そのため道路が蛇玉状にギザギザに拡幅されるため、残された電信柱の移設も課題として浮かび上がってきます。車を通すために建物を後退させたのに電信柱が移設されず、結果的に車が通れない、消防活動が迅速に行われないという状況は変わらない、このような状況に陥っていることもあると思われます。そして、道路中心部に残された電信柱は、まちとして未整備、というような思いにさせます。

　台風などの強風時に飛来物の影響などで電線が切れる場合があります。そのような時に道路中心部に電信柱があると、電線が暴れるように動くため危険な状況になります。

　このような問題も隣近所で一緒に道路を拡幅整備し、その延長を長くして時を待つ以外に無いように思われます。

参考文献・引用文献

1) 東京都主税局資料 「道路に対する固定資産税・都市計画税の非課税」
2) 京島地区まちづくりニュース，No.33
3) 葛飾区資料・PPT「木密地域における地区計画と密集事業」をもとに作成
4) 中延二丁目旧同潤会地区防災街区整備事業組合パンフレット

3章

ブロック塀問題

3-1 実態調査の背景

　1980（昭和55）年の宮城県沖地震でブロック塀の倒壊による死者が大勢出て以来、コンクリートブロック塀の鉄筋による補強がより強く推進されてきました。しかし、そのような努力とは裏腹に、コンクリートブロック塀倒壊による死者の発生の社会的影響は大きく、まちの中でブロック塀は危険なものとして扱われるようになってきました。

　また、このような状況を加速するように、鉄筋により補強していない大谷石のブロックで造られた塀が倒壊した場合でも、鉄筋が入っていないブロック塀の倒壊と報道されるなど、現実的に報道の在り方もブロック塀には厳しくなってきました。

　基本的に、大谷石などの石のブロックを使った塀は鉄筋による補強はしておらず、それを鉄筋で補強していないブロック塀と言われてしまうことも問題なのですが、いつしかそのような大谷石などの石造のブロックの塀も、同じように「ブロック塀」という呼び方が定着したようです。

　しかしここで問題にしたいのは、コンクリートブロック塀です。建築学会により、鉄筋で補強され、しっかりと基準通り施工されたコンクリートブロック塀は震度7でも大丈夫と評価されているように、基本的に地震に強いもので、そう簡単に倒壊するものではありません。

　しかし、その後の地震の報道を見ても、同様のことが繰り返され、「ブロック塀は危険」という評価は変わることはありませんでした。

　まちづくりが全国的に展開されている中で、災害に強いまちづくりを目的として、住民による「まちの点検」という実践的なイベントが行われるようになりました。このイベントは住民参加という最近の流れにマッチし、また通学路の安全点検などのために子供を対象にしたイベントとしても開催されるようになりました。その時、まちの危険因子として取り上げられるのがコンクリートブロック塀です。そのため、いつしかコンクリートブロック塀は、子供の頃からまち歩きでは危険なものとして、評価が固定されてしまったように思います。

　基準通りに造られ安全なコンクリートブロック塀もあるのですが、一般市

民には鉄筋で補強されているかどうかなど基準通り造られているかどうかを判断する知識や方法がありません。そのため、単純に「ブロック塀の全てが危険と見做すのは問題です」と説明したとしても、一般市民は判別が不可能で、結局は「不安です」と言われてしまい、一般市民の判断はグレーゾーンというよりはまちの危険因子の中に入れられてしまうのが現状です。

このような状態になった原因には、建設過程にチェックが入らないことが挙げられます。建物は建設される前に確認申請という手続きを経るため、建築基準法による安全性などのチェックが行われますが、コンクリートブロック塀を単独でつくる場合には、そのような法的なチェックを受けることが義務付けられておりません。そのため、安全性などの基準の遵守については、施工者にまかされています。そのため、ここにコストダウンのための原理が働くからと考えられます。そして、基準を守った施工業者がいて、全てのコンクリートブロック塀が危険ではないだろうと語っても、これまでコンクリートブロック塀の調査をしたということが公表されたことがありませんでした。

そのような疑問を抱いていたのですが、2016（平成28）年4月には、震度7の熊本地震が発生しました。そして、この地震でも鉄筋による補強方法に問題のある多くのコンクリートブロック塀が倒壊した現実を見てきました。

3-2　市街地の安全性で残された課題

市街地の安全性を考える場合、地震対策としては耐震化、火災対策としては耐火性能の向上、避難対策としては避難場所の整備や迅速な避難対策訓練、消火対策としてはスタンドパイプなどの消火用器具の開発と啓蒙、さらに消火活動や避難に支障となる狭隘道路の拡幅整備などの災害対策が進められてきました。

しかし、これまで何度も言われながら解決していな問題が、コンクリートブロック塀対策でした。これまで見てきた震災の被害状況を見ると、倒壊しているコンクリートブロック塀は基準通り造られているものではありませんでした。倒壊したから鉄筋が入っていないことが分かるわけです。そのような経緯もあって、安全なまちづくりを考える上で、コンクリートブロック塀

問題に何らかの方向性を示す必要性を感じました。

　特に道路の狭い密集市街地では、コンクリートブロック塀が倒壊すると消防ポンプ車が通れず、大火災に発展する可能性があり、危険です。実際、阪神・淡路大震災では、密集市街地の長田区が大火災になりました。特に大都市における密集市街地対策は都市問題として課題になっています。

　そのため、現状把握が大切です。実際のところ、コンクリートブロック塀は安全なのかどうか、安全なブロック塀はどれだけあるのだろうかと安全性を把握しておく必要があります。

　そのようなこともあって、関係者の協力を得ながらコンクリートブロック塀の実態を把握するために、無料診断を行うことにしました。

3-3　調査の概要

調査の方法

　コンクリートブロック塀の調査は、一般社団法人全国建築コンクリートブロック工業会（以後、ブロック工業会）に依頼しました。最初に、そのブロック工業会の組織について説明したいと思います。

　ブロック工業会の前身である日本コンクリートブロック協会は、1953（昭和28）年に「不燃住宅の普及」を目的に設立され、コンクリートブロックのメーカー団体として多様な活動を続けてきました。

　1987（昭和62）年11月28日付で、通商産業省（現経済産業省）生活産業局窯業建材課並びに建設省（現国土交通省）住宅局建築指導課の共同所管の公益法人として、「建築用コンクリートブロックの製造及びコンクリートブロック造建築物の新しい構造設計について調査研究等を行うことにより、コンクリートブロックの普及を図り、もって我が国の産業と国民生活の向上に寄与する」ことを目的に、名称も社団法人全国建築コンクリートブロック工業会と改称して設立、認可されて活動してきました。そして、2012（平成24）年4月1日付で一般社団法人全国建築コンクリートブロック工業会として新たにスタートしました。

　以上のように、ブロック工業会はコンクリートブロックのメーカーの集ま

りで、コンクリートブロック塀の施工者ではありません。しかし、施工者による施工不良によりブロック塀の評価が下がり、ある意味では被害者でもあります。今回は、ブロック塀の実態把握のために調査協力を依頼し、民間のコンクリートブロック塀を対象に無料診断を実施することにしました。

　無料診断の調査にはブロック工業会の「ブロック塀の診断のカルテ」を利用することにしました。そして、調査の対象地を町会単位として、筆者が探すことになりました。無料とはいえ、実施する町会を探すのが大変でしたが、敷地規模が小さく準工業地域などが含まれる密集市街地と、敷地規模が大きい良好な専用の住宅地から、それぞれ1地区ずつ選定し町会の協力を得ました。

(1) 調査機関
- 名　　称：一般社団法人　全国建築コンクリートブロック工業会
- 所在地：〒101-0032　東京都千代田区岩本町2丁目17-4-202
- 電話番号：03-3851-1076

(2) ブロック塀の診断カルテ（図3-1）

「ブロック塀の診断のカルテ」の内容は、基本性能に外観係数、耐力係数、保全係数をかけ合わせ評点を算出したものです。

- 基本性能として次の10項目を診断
  　「建築後の年数」「高さの増積み」「使用状況」「塀の位置」「塀の高さ」
  　「塀の厚さ」「透かしブロック」「鉄筋」「控え壁・控え柱」「かさ木」
- 外観係数：壁体の外観診断として次の4項目の外観係数
  　「全体の傾き」「ひび割れ」「損傷」「著しい汚れ」
- 耐力係数：壁体のぐらつきの耐力診断
  　「ぐらつき」
- 保全係数：保全状況の診断
  　「補強・転倒防止対策等の有無」

(3) 評価の手法

　評価は各項目にポイントを与え、以下のように4段階で評価。
- Qが70点以上：安全である。

ブロック塀の診断カルテ

A．基本性能の診断〔基本性能値〕

診断項目		基準点	評価点
建築後の年数	10年未満	10	① （　）
	10以上、20年未満	8	
	20年以上	5	
高さの増積み	なし	10	② （　）
	あり	0	
使用状況	塀　単独	10	③ （　）
	土留め・外壁等を兼ねる	0	
塀の位置	塀の下に擁壁なし	10	④ （　）
	塀の下に擁壁あり	5	
塀の高さ	1.2m以下	15	⑤ （　）
	1.2mを越え、2.2m以下	10	
	2.2mを越える	0	
塀の厚さ	15cm以上	10	⑥ （　）
	12cm	8	
	10cm	5	
透かしブロック	なし	10	⑦ （　）
	あり	5	
鉄筋	あり	10	⑧ （　）
	なし	5	
	確認不能	0	
控え壁・控え柱	あり	10	⑨ （　）
	なし	5	
かさ木	あり	10	⑩ （　）
	なし	5	

基本性能値（①～⑩までの評価点の合計）〔A　　〕

B．壁体の外観診断〔外観係数〕

診断項目		基準係数	評価係数
全体の傾き	なし	1.0	⑪ （　）
	あり	0.7	
ひび割れ	なし	1.0	⑫ （　）
	あり	0.7	
損傷	なし	1.0	⑬ （　）
	あり	0.7	
著しい汚れ	なし	1.0	⑭ （　）
	あり	0.7	

外観係数（⑪～⑭の最小値）〔B　　〕

C．壁体の耐力診断〔耐力係数〕

診断項目		基準係数	耐力係数
ぐらつき*1	動かない	1.0	C〔　〕
	わずかに動く	0.8	
	大きく動く	0.5	

*1 診断する場合は、周囲に人がいないことを確認し、必ず前方へ押して下さい。

D．保全状況の診断〔保全係数〕

診断項目		基準係数	保全係数
補強・転倒防止対策等の有無	あり	1.5	D〔　〕
	なし	1.0	

診断結果の判定

1．総合評点（Q）を求めましょう。

 × × × ＝ 総合評点（Q）

基本性能値 A × 外観係数 B × 耐力係数 C × 保全係数 D ＝ 総合評点（Q）

2．総合評点（Q）から、診断結果を判定しましょう。

安全性の判定と今後の対応

チェック	総合評点	判定	今後の対応
□	Q≧70	安全である	3～5年後にまた診断して下さい。
□	55≦Q<70	一応安全である	1年後にまた診断して下さい。
□	40≦Q<55	注意を要する	精密診断を行い、再度判定するか転倒防止対策等を講じて下さい。
□	Q<40	危険である	早急に転倒防止対策を講じるか、撤去して下さい。

※診断結果は、あくまでも目安です。専門家による精密診断を受けると、より正確に判定できます。

図3-1　ブロック塀の診断カルテ[1]

・Qが55点以上、70点未満：一応安全である。
・Qが40点以上、55点未満：注意を要する。
・Qが40点未満：危険である。
(4) 調査結果の扱い
・町会と協議し、調査結果は、町会には全体の状況を示しますが、個人の結果は個人のみに伝えることにしました。
・町会の全体の調査結果の公表については、学会など見ることが限定されている団体における公表を了解していただきました。
(5) 調査対象地
調査対象地として、次のような敷地規模の小さい密集市街地と敷地規模の大きい専用の住宅地という対照的な2地区を選定しました。

①品川区荏原4丁目地区（図3-2）
・敷地規模が小さく専用の住宅地ではない密集地区
・用途地域：路線商業地域、第一種住居地域と準工業地域
・建ぺい率/容積率：80/500％、60/300％、60/300％

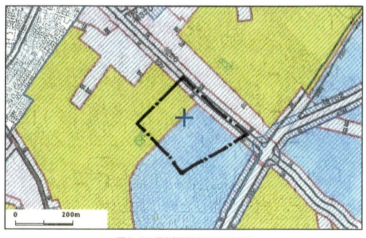

図3-2　品川区荏原4丁目地区

②文京区西片地区（図3-3）
・敷地規模の大きい専用の住宅地
・用途地域：第一種住居専用地域
・建ぺい率/容積率：60/150％

図3-3　文京区西片地区

3-4　調査結果

それぞれの地区の調査結果は次の通りです。

1　品川区荏原4丁目地区（図3-4～3-6）

- 調査日：2016（平成28）年10月21日
- 調査希望住宅：15軒
- 調査対象ブロック塀：26カ所
- 平均点：60点
- A：27％、B：31％、C：34％、D：8％
- D：2カ所

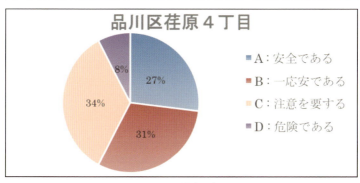

図3-4　総合評価

3章　ブロック塀問題

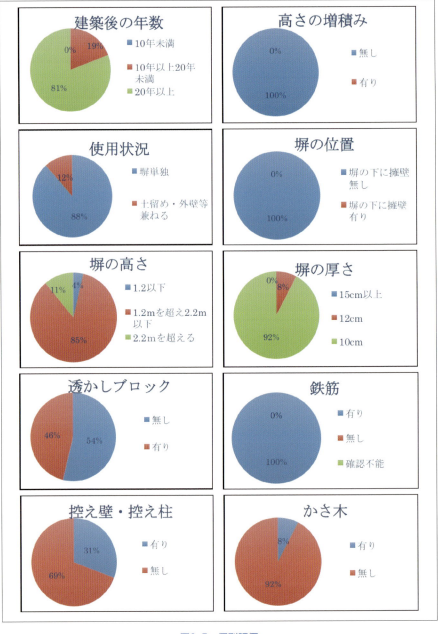

図3-5　個別評価

高さの高いブロック塀

傾斜調査

鉄筋検査

かさ木と控え壁の状況

亀裂の調査

亀裂の幅調査

図3-6　調査風景

2　文京区西片地区(図3-7〜3-9)

- 調査日：2016年10月25、26日
- 調査希望住宅：10軒
- 調査対象ブロック塀：17カ所
- 平均点：64点
- A：35％、B：35％、C：24％、D：6％
- D：1カ所

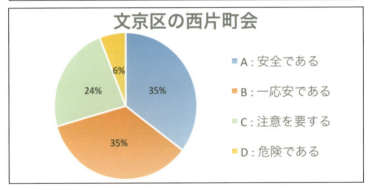

図3-7　総合評価

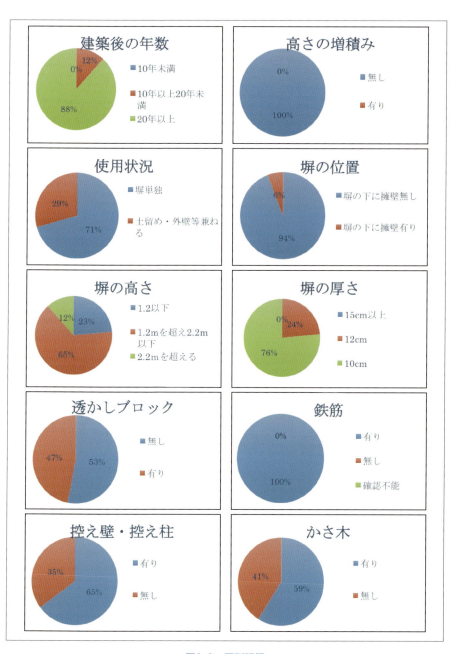

図3-8 個別評価

3章 ブロック塀問題　83

図3-9 調査風景

表3-1 荏原4丁目地区と西片地区の比較

	品川区荏原4丁目地区	文京区西片地区
総合評点	・平均点：60点 ・A：27%、B：31%、C：34%、D：8% ・CとD：42% ・D：2カ所	・平均点：64点 ・A：35%、B：35%、C：24%、D：6% ・CとD：30% ・D：1カ所
	・平均すると60～64点。「一応安全である」の範囲。 ・CとDで30～42%。	
建築後年数	・10年未満：0% ・10～20年：19% ・20年以上：81%	・10年未満：0% ・10～20年：12% ・20年以上：88%
	20年以上が80%以上。	
高さ増積	・無し：100% ・有り：0%	・無し：100% ・有り：0%
	高さの増し積みはなし。	
使用状況	・塀単独：88% ・土留め・外壁など：12%	・塀単独：71% ・土留め・外壁など：29%
	塀単独が約70～90%。	
塀の位置	・擁壁無し：100% ・擁壁有り：0%	・擁壁無し：94% ・擁壁有り：6%
	塀の下に擁壁が無いものがほとんど。	
塀の高さ	・1.2m以下：4% ・1.2を超え2.2以下：85% ・2.2mを超える：11%	・1.2m以下：23% ・1.2を超え2.2以下：65% ・2.2mを超える：12%
	塀の高さは2.2m以下が90%弱。	

項目		
塀の厚さ	・15cm以上：0% ・12cm：8% ・10cm：92%	・15cm以上：0% ・12cm：24% ・10cm：76%
	ブロック塀の厚さは10cmが76〜92%で圧倒的に多い。15cmはない。 12cmの厚さは8〜24%（敷地の広い住宅地と密集地区では3倍の差があった）。	
透かしブロック	・無し：54% ・有り：46%	・無し：53% ・有り：47%
	透かしブロックの利用は半数近い （透かしブロック利用の場合は鉄筋ではなく細い鋼棒を入れている）。	
鉄筋	・有り：100% ・無し：0% ・確認不能：0%	・有り：100% ・無し：0% ・確認不能：0%
	鉄筋は全て入っている。しかし、基準通り入っていないものもある。	
控え壁・控え柱	・有り：31% ・無し：69%	・有り：65% ・無し：35%
	控え柱を設置しているものは、31〜65%であった （敷地の広い住宅地と密集地区では倍の差があった）。	
かさ木	・有り：8% ・無し：92%	・有り：59% ・無し：41%
	かさ木の設置には大きな差（8〜59%）があった （敷地の広い住宅地と密集地区では大きな差があった）。	
ぐらつき	・動かない：88% ・わずかに動く：8% ・大きく動く：4%	・動かない：82 ・わずかに動く：18% ・大きく動く：0%
	動かないものは80%以上あった。	

※1　敷地面積の大きい第一種住居専用地域の西片地区が高い評価だった。
※2　特に、控え壁の設置では西片地区が倍以上の割合で、また笠木の設置も多い状況だった。
※3　ブロック塀の厚さは全て12cm以下で、西片地区では12cmの割合が荏原地区の3倍。

3　マスコミの報道と学会への報告

　その後の追加調査も含め、これまでの調査結果の一部については、年末に東京新聞に取り上げていただき、年度末にはNHKでも放映していただきました。そして、翌2017（平成29）年9月に開催された日本建築学会大会で報告させていただき、同年の『近代消防』11月号[2]に取り上げていただきましたが、それ以上の反応は特にありませんでした。

3-5　寿栄小学校の事故

1　NHKからの連絡

　2018（平成30）年6月18日（月）午後1時ごろ、NHKから電話が入りました。今朝の大阪府北部の地震で女子小学生がコンクリートブロック塀の下敷きになり死亡したという内容でした。そこで、夕方の「首都圏ネットワーク」で取り上げたい、昨年実施したコンクリートブロック塀の診断の延長でお願いできないかという内容でした。昨年3月コンクリートブロック塀の無料診断を放映していただいた時にお世話になった方からの電話でした。

　前日まで忙しくしており、また発生した地震がその日の朝の出来事で、まだ情報も不充分なままでしたが、幸いにも打合せなどの予定もなかったので、要請に応じることができました。

　コンクリートブロック塀は、地震が発生する度に倒壊したコンクリートブロック塀が無筋だったと報道されるように、地震時における中心的な被害ではありませんが必ず取り上げられる被害でした。そのように毎回取り上げられる存在にもかかわらず、コンクリートブロック塀の実態はどうなのかというと、そのような調査もなく実態の把握はできていない状況でした。

　建築基準法で定められている基準通りにつくれば、震度7でも大丈夫といわれています。しかし、コンクリートブロック塀単独では建築士に設計を依頼することもなく、また基準どおり造られているかどうかを検査するチェックも義務付けられておらず、安全性はチェックされていません。チェックの必要が無いため、コストダウンの対象になりやすく、災害時に崩壊したコンクリートブロック塀を見て基準通りにつくられていないということが結果とし

て明らかになります。

　しかも問題は、コンクリートブロック塀建設の依頼者は、建設業者が建設してくれた自宅のコンクリートブロック塀は十分なつくりで安全であると思い込んでおり、基準を満たしていないなどとは思いもよらず、そして、外観を見ただけではその安全性がわからないというのが現状でした。

　このような状況もあり、安全なまちづくりのためにブロック塀の問題は避けては通れません。そのため、コンクリートブロック塀の実態を把握しようと、コンクリートブロックのメーカーである（一社）全国建築コンクリートブロック工業会にお願いし、2016（平成28）年から時々、コンクリートブロック塀の無料診断を実施させていただいてきました。

2　寿栄小学校の視察

　6月18日のその日の午後2時半に品川区の荏原4丁目の集会所で、町会の防災担当の三宮氏と一緒に待ち合わせをしロケを行い、夕方の「首都圏ネットワーク」の放映には間に合いました。その後、NHKさんでは看板番組の「おはよう日本」でも改めてロケを行い放映され、またその後民放から3回の依頼があり放映されました。またラジオ局からの依頼も2回あり対応しました

　そのこともあり、18日からの1週間はマスコミ対応に費やされ、女子小学生が事故死になった現場を視察できたのは、24日（日）でした。事故現場のコンクリートブロック塀は、事故死当時の状況とは多少変わっていましたが、献花に訪れる人はまだ途切れない状況でした（図3-10、3-11）。

　現場では、通学路の緑色の歩道の延長上に立ち入り禁止のテープが張られていました（図3-12）。それを見て当時の状況が思い浮かびました。

　この緑色の歩道は、通学路として安全でそこを歩きなさいと教えられてきたのだと思います。そして、女子小学生は疑いもなく毎日その道を歩いてきました。そして6月18日、当番だったので早出しました。丁度、プールの傍を歩いていた7時58分頃地震が発生しました。安全なはずの通学路の壁は小学校のプールの構造体で、これは安全な壁でした。しかし、プールの上部には、基準通りつくられてはいないコンクリートブロック塀がありました。このコンクリートブロック塀が倒壊し歩行中の女子小学生に落下しました（図3-13～3-15）。

図3-10 寿栄小学校の落下した
　　　 コンクリートブロック塀

図3-11 献花にくる方々

図3-12 通学路と事故現場

図3-13 事故現場

図3-14 プール上部

図3-15 落下した
　　　 コンクリートブロック塀

3章 ブロック塀問題

自分の身長以上の高さからコンクリートブロック塀が落下し、少女は声を上げ、それが最後となりました。

3　隣接の避難所

今回の地震は震度が6弱でした。隣にある寿栄コミュニティセンターは避難所兼緊急避難場所に指定されています(図3-16)。施設を管理している方に聞くと、被災後、市内の小中学校は避難所として使われたそうです(図3-17)。

この周辺ではこのコミュニティセンターが避難所で、1週間経過した24日現在、15～6人避難しているとのことでした。ほとんどの方が家は大丈夫だったそうですが、夜になると怖いので避難している方が多いとのことでした。

コミュニティセンターが避難所であれば厨房設備があり、米があれば自分達で炊事できるので炊事したのかどうかを聞いてみました。そうすると、都市ガスは大丈夫だったので炊事はできたそうですが、調理はしなかったとのことです。避難した当初は食糧が不足したそうですが、近くのコンビニに買い物に行き、ボランティアの支援物資でまかなっているとのことでした。

確かに周辺には大きく損傷を受けた住宅などは見当たらず、コンビニが近くにあり、それが被災せず十分に機能しており、不自由はないように思えました。

図3-16　隣接のコミュニティセンター

図3-17　避難所兼緊急避難場所の表示

4　周辺の被害状況

　通常この程度の地震ならそれほど被害は無いのではないかと思い、寿栄小学校の周辺を含め、高槻市内を歩いてみました。建物には大きく倒壊したとか破壊されたような被害はそれほど見られませんでした。屋根瓦が落下し、屋根にブルーシートがかけられている光景は目についたのですが、これは地震時にはいつも見られる光景として見てきました（図3-18）。

　中には赤紙が貼られている大きなデパートがありました。外から見る限り、階段廻りなどが損傷しており、使えない状況でした（図3-19～3-21）。

図3-18　屋根に張られたブルーシート

図3-19　デパートの被害

図3-20　貼られた赤紙

図3-21　階段の被害

図3-22 問題の無かったブロック塀

図3-23 多少傾いたブロック塀
手前の新しい塀は直立しているが、奥の塀は多少傾いた

　今回、コンクリートブロック塀の被害が注目を浴びたことから、コンクリートブロック塀について注意して見てまわりましたが、他のコンクリートブロック塀については、それほど大きな被害は見受けられませんでした。市内で見られた一般的なコンクリートブロック塀は、高さ1.8m程度でそれほど高くもなく、多少斜めに傾いたコンクリートブロック塀も見られましたが、倒壊しているような、それ以上の被害は見られませんでした（図3-22、3-23）。

　そして、市内では道路幅も十分あり、コンクリートブロック塀の倒壊で人が死亡することが想像できない状況でした。もちろん市内全域を視察したわけではありませんので断定はできないのですが、事故にあった寿栄小学校のプールのコンクリートブロック塀だけが、現行の基準から大きく逸脱していたという特殊な状況だったと思いました。今回の事故について、詳細な調査をしたわけではありませんが、以下にいくつか問題点を整理しました。

〈問題点〉
- プールに対しての増築。
  プール完成後、増築として造られたが、増築の場合、鉄筋の定着長さの確保が問題となり、プールとコンクリートブロック塀の部分との鉄筋の定着をどのように確保したのか。
- 塀の高さが、2.2mを超えている。
  プールの高さが1.9m、コンクリートブロック塀部分が1.6mで、地面より3.5mの高さとなり、現行の基準を超えている。

- 控壁が設置されていない。
  転倒防止のために働く控壁が設置されていなかった。
- 鉄筋は適切に配筋されていたか
  現地では確認できなかったが、鉄筋は適切に配筋されていたかどうか。

5　違反と既存不適格

　決められた基準から外れていると建築基準法違反と言われ、近年発生した熊本地震の時のコンクリートブロック塀は9割以上が違反というようなことも報道の中では聞かれました。

　しかし、建築基準法違反という場合、気を付けなければならないことがあります。それは建設年との関係です。法律で定められた基準は、年数を経て徐々に厳しくなる傾向にあります。そして、建設された時に当時の基準をクリアしていれば、その後基準が厳しい方向に変更され基準を満たさなくなったとしても、違反とは言いません。建設した時には法令を遵守したからです。違反とは、建設した時の基準を満たしていない状態を言い、その後基準が厳しくなり適合しなくなった場合は、違反ではなく既存不適格と呼んでいます。

　今回の寿栄小学校の場合は、コンクリートブロック塀の建設時に基準を満たしていなかったので結果的には違反とのことですが、一般的に違反という表現を使う場合は、前述のように建設年を確定したうえで断定する必要があります。従って今回の報道などで見られたようなコンクリートブロック塀の扱いは、建設年代を確定して述べているわけではないようなので、安易に違反とは言えないものです。表現方法としては、現行の基準を満たしていないというような言い方が良いと思います。

　しかし、法的な解釈はそれぐらいにして、もうひとつ重要な問題があります。建築基準法の場合、既存不適格について所有者は即時修正する必要はなく、次に建て替える時にその時施行されている新たな基準に合わせればよいことになっています。つまり、現行の基準に適合せず既存不適格状態が続き、そのような状況の中で事故が発生したとしても、所有者は責任が問われないということです。これは、合法的に危険なコンクリートブロック塀を通学路沿いに設置することが許されていることを意味します。ここにも問題があります。

6　問題点の整理

　2016（平成28）年にコンクリートブロック塀の無料診断を実施して以来、その年の12月は東京新聞、翌年の3月はNHKによりテレビに取り上げていただきました。そして調査結果は2017（平成29）年9月の日本建築学会大会で発表しましたが、それ以上の反響はありませんでした。

　しかし、今回は女子小学生が幼い命を落とすことにより、全国的に大きな話題になり、公共施設のコンクリートブロック塀が見直されることになりました。このように全国的な関心事になった時にこそ、公共施設ばかりではなく、民間のコンクリートブロック塀も見直し、安全なまちづくりをするチャンスです。

　今回の寿栄小学校における女子小学生の死亡事故は違反だったということですが、ここでは今回の事故を通して、コンクリートブロック塀についていくつかの基本的な問題点を整理したいと思います。

(1) 施工業者の責任

　　コンクリートブロック塀のみの設計に設計事務所が関与している例は少ないというより、まず無いと思われます。そのため、コンクリートブロック塀については施工する建設会社や工務店にまかされてきたと思います。しかし、これもいつものことですが、災害が発生すると補強するための鉄筋が入っていないなどの施工上の手抜きがあらわになってきます。しかしそれは、民間施設の場合が多かったのではないかと思います。

　　今回、女子小学生が命を落とすことにより公共施設の安易な施工状況が浮かび上がってきました。施工上の流れを考えると、これからは製造者責任という精神に則り、コンクリートブロック塀の製造者責任が問えるような方策を検討することが課題であると思われます。

(2) 一般市民に対する啓蒙

　　一般市民は建築基準法を知っているわけではありません。そのため、(1)でも述べたように、施工する建設会社や工務店に全てまかせています。建物については確認申請というチェックがありますが、塀については安全性を保証する公的なチェックがありません。それゆえコストダウンの標的となってきました。

(1)で述べたように、建設会社や工務店が基準を遵守して建設することはもちろんですが、今回を機に一般市民もコンクリートブロック塀の基準を知り、自宅の建設現場をチェックできるようにすることが大切ではないかと思います。

　そして、そのように一般市民が自宅の塀の工事を見てチェックができるように、行政や関連団体ではコンクリートブロック塀のチラシやパンフレットを作成し、啓発活動に努めることが求められます。

(3) 既存不適格に対する見直し

　ブロック塀の公的機関によるチェックが無いという状況は、違反と既存不適格という問題を扱いにくくしています。

　繰り返しになりますが、建設基準が現行の基準に満たない状況でも、建設時の基準をクリアしていれば違反とは言われず、「既存不適格」となります。その場合、基準に合わせてすぐに修理する必要はなく、建替えの機会に応じて新しい基準に合わせて建て替えれば良いということになります。このような状況が、危険なコンクリートブロック塀を合法的に道路際の通学路や歩道に並べていることになります。

　今回の事故を受けて、既存不適格に対する考え方を見直す必要もあると思われます。例えば、既存不適格の場合でも、20年とか30年を経過したなら補強するなどして改造を義務付けるなどの規制が必要と考えられます。

(4) 違反と既存不適格にも補助金で修理

　違反したものなら、違反した施工業者などが適正に修理するべきです。しかし、民間のコンクリートブロック塀の建設は小規模工事であり、施工した業者の特定には困難も予想されます。そのため、通学路などの優先路線を定めて、既存のコンクリートブロック塀が違反とか既存不適格にかかわらず、現行の基準を満たしていないものは補助金を出して修理整備をすることが望まれます。

「3-5　寿栄小学校の事故」は、『近代消防』2018年9月号[3]に掲載されたものに加筆修正したものです。

3-6　その後のブロック塀問題

1　無料診断のその後

　今回の寿栄小学校の事故のこともあり、東京都の区部で行ったコンクリートブロック塀の無料診断のその後をここで少し振り返ってみたいと思います。

　診断は、性格の違う2地区（敷地規模の小さい密集市街地と、敷地規模の大きい専用の住宅地）で行いました。その結果、敷地規模が大きく住居専用の住宅地の評価は高いものでした。そして、敷地規模の小さい密集市街地では、建ぺい率の条件もあり、控え壁・控え柱の設置率は低く、またコンクリートブロックの厚さも薄く、良好な住宅地に比べ安全性が劣るという結果でした。

　そして、診断を受けた住民の感想を聞くと、ほとんどの方が自宅のコンクリートブロック塀の安全性がわからない、そのため今回診断していただいて良かったという評価でした。そして、全体的に「コンクリートブロック塀は全てダメ」と思っていたが、両地区で30～40％のコンクリートブロック塀の対策が必要という結果で、それほどでもなかったという印象をもたれた方が多かった状況でした。以上が、無料診断の結果の概要です。

　今回、診断した塀についてどうなっているか改めて調査し、3カ所のコンクリートブロック塀が改善されました。以下それぞれの状況報告です。

荏原4丁目①

　最初に荏原4丁目で改善した例があると聞きましたが、そのコンクリートブロック塀の判定は、最もランクの低い「危険である」ではなく、それより1ランク上の「注意を要する」でした。

　コンクリートブロック塀は、隣地との境界沿いに設置されており、双方の土地を通行する方々にとってはこのコンクリートブロック塀沿いの通路を歩くことになる状況でした。ところが、コンクリートブロック塀の高さが高く、所有者は気になっていたので診断をお願いしたとのことでした（図3-24）。

図3-24　診断時のブロック塀　　　　図3-25　改善後のブロック塀

　そして、評価結果を知らされた時は、「やはりそうか」と思ったとのことで、すぐに改善を決めたとのことでした。高さが2.4mあったため、その高さを5段に低くし、ネットフェンスを並列させて設置しました。既存の塀を活かした中での最大限の努力であり、倒壊の恐れもなくなり、明るい通路が確保されました（図3-25）。全て自己負担で改善し、費用は25万円とのことでした。寿栄小学校の事故前に改善され、この改善の状況は、NHKの「おはよう日本」などに紹介させていただきました。

荏原4丁目②

　診断の時の判定は、最も低い「危険である」でした。しかし、寿栄小学校の事故の時にはまだ改善されておらず、押せばグラグラして倒壊しそうで、TV放映の時でも危険な例として取り上げられた塀でした（図3-26）。
　しかし、この塀は隣地との境界線上に設置された隣地と共有の塀であり、撤去のためには、隣地の権利者との合意が必要でした。一方の塀の所有者は、診断を聞いた時、改善が必要と思ったが、隣地は駐車場に利用されており、権利者とはすぐには会えず、合意がとれていないという状況でした。

図3-26　診断時のブロック塀　　　　図3-27　改善後のブロック塀

　このように、敷地境界線上に設置された塀の困難さはこういうところにあります。撤去するにも双方の合意が必要となり、双方ともそこに住んでいればよいのですが、一方が借家や駐車場などでそこに住んでいない場合は、合意を取り付けるにも時間がかかります。

　そして、取材の時も、課題としてそのような境界線上の場合の合意の取り方の困難さを語っていました。その後、11月下旬にお伺いした時は、きれいに撤去されていました。数日前に改善し低くしたとのことでした（図3-27）。

西片地区

　診断の時の判定は、最も低い「危険である」でした。一部、隣家との境界に当たる駐車場沿いのコンクリート擁壁の上にコンクリートブロック塀を設置していたため、所有者は全体的な高さが高くなり気になっていたところへ、無料診断の案内が来たので、お願いしたとのことでした。

　そして、診断の評価は「危険である」であったため、「やはりそうか、改善しなければ」と思ったとのことでした。そして、寿栄小学校の事故の頃は、すでに工事業者に改善を依頼していたとのことでしたが、「まだ業者さんがやってくれていない」とのことで、改善したら、知らせるということでした。

　12月上旬に、11月にコンクリートブロック塀を改善したという電話があり、すぐにお伺いしました。以前は、コンクリート擁壁の上にコンクリートブロック塀が高く設置され、全体の高さは2.2m以上でしたが、そのコンクリート擁壁上のブロックが3段に抑えられ、高さは2.05mになりその上には隣家との目

図3-28　診断時のブロック塀　　図3-29　改善後のブロック塀

隠し用にアルミフェンスが設置されていました（図3-28、3-29）。

改善例のまとめ

　3例とも、隣地との境界に設置されたコンクリートブロック塀で、通学路に面しているわけでもありませんでしたが、所有者はコンクリートブロック塀の安全性が気になっており、今回の診断により出された評価を契機に、自らの敷地内の塀が隣家に影響を及ぼすことのないように改善しました。判定がCとDの場合に注目した改善状況は表3-2のようになりました。

　問題となるのは、Dの「危険である」です。前回の診断時では、「危険である」が荏原4丁目では2カ所、西片では1カ所で合計3カ所でした。今回の修繕により、西片地区では「危険である」が無くなりました。荏原4丁目ではまだ1カ所「危険である」が残されていますが、結果的に3カ所改善され、今回の診断はコンクリートブロック塀の所有者にとって改善するための良い契機となったと思われます。

表3-2　2町会の改善状況

判定	荏原4丁目		西片		改善/診断（%）(C,Dのみ)
	診断	改善	診断	改善	
A	7	0	6	0	—
B	8	0	6	0	—
C	9	1	4	0	1/13　(7.7%)
D	2	1	1	1	2/ 3　(66.7%)
合計	26	2	17	1	3/16　(17.6%)

2 行政の対応

ここでは、寿栄小学校の事故以後の行政の対応について報告します。

高槻市の方針

寿栄小学校の事故を受け、新たに設置された高槻市の第三者委員会（学校ブロック塀地震事故調査委員会）は、基礎とコンクリートブロック塀をつなぐ鉄筋が短いなど「施工上の不良が主な原因だった」と報告していましたが、点検でコンクリートブロック塀の内部構造まで確認することが難しいため、すべてのコンクリートブロックを撤去するよう2018（平成30）年10月29日に市長に答申しました[3]。

第三者委員会の答申を受け、高槻市の浜田剛史市長は11月5日の記者会見で、小中学校や公民館、公園など市の公共施設にはコンクリートブロック塀を作らず、今あるコンクリートブロック塀をすべて撤去すると発表しました。

高槻市内には小中学校59校や市の公共施設が約500カ所ありますが、このうちコンクリートブロック塀のある施設について、数年以内にすべてのコンクリートブロック塀を撤去する方針を発表しました。

品川区の助成制度

品川区では、荏原4丁目地区が私共によるコンクリートブロック塀の無料診断を行い、その状況が各局のTVで取り上げられ、また町会長も区長に「補助金が無ければ除去は進まない」と補助の陳情を行いました。その結果、品川区では、2018年11月26日「品川区コンクリートブロック塀等安全化支援事業実施要綱」[2]を決定し、道路沿いのコンクリートブロック塀などの除却制度を開始しました。

大地震や台風などの自然災害による塀の倒壊から人命をまもるため、安全性が確認できない道路沿いの塀の除却などを支援することにしています。以下はその概要です。

①助成対象となる塀

道路（建築基準法第42条第1項各号および第2項に掲げる道路）沿いのコンクリートブロック塀、万年塀、石積塀、レンガ塀で道路面より高さが80cm以上のもの。

②助成対象者

塀の所有者(販売を目的として安全化対策工事を行う宅地建物取引業者は助成対象者とはならない)。

③助成内容

助成内容は表3-3の通り。

表3-3　品川区の助成内容

工事の種類[*1]	交付額	限度額(塀の長さ1m当たり)
除却工事	工事費用の額	30,000円
除却後に軽量フェンスなどを設ける工事[*2]	工事費用の1/2	軽量フェンス　：16,000円 基礎・ブロック：26,000円[*3]

[*1] 補強工事、改修工事は助成対象外。
[*2] 原則、除却するコンクリートブロック塀などの高さを越えない。また、建築基準法第42条第2項に規定する道路に面する場合は、道路の境界線(セットバックライン)の確認が必要。
[*3] 高さ0.5m以下のもの。

国の対応——学校や通学路から避難路へ

事故発生の翌日(6月19日)、文部科学省では「学校におけるブロック塀等の安全点検等について」全国的に調査を行いました。そして同日、国土交通省は学校の塀について特定行政庁に対し、学校設置者が行う安全点検に連携した対応をするように要請し、6月21日には学校に限らず広く一般の建築物を対象に既設の塀の安全点検のために「建築物の既設の塀(ブロック塀や組積造の塀)の安全点検について」特定行政庁に対し、所有者などに向けて注意喚起の要請を行いました。

そして、文部科学省、警察庁、厚生労働省そして国土交通省は、「通学路における緊急合同点検等実施要領」を作成しました。

その後、2018年11月27日の国土交通省住宅局建築指導課の発表によれば、ブロック塀などの耐震化促進に関する政令を閣議決定し、避難路沿道の一定規模以上のブロック塀などを耐震診断の義務付け対象に追加することにしました。具体的には、通行障害建築物に、建物に附属する一定の高さ・長さを有するブロック塀など(補強コンクリートブロック造又は組積造の塀。以下同じ)を追加する「建築物の耐震改修の促進に関する法律施行令の一部を改正する政令」

が、11月27日に閣議決定されました。

　ここで通行障害建築物とは、地震によって倒壊した場合に、その敷地に接する道路の通行を妨げ、多数の者の円滑な避難を困難とするおそれがあるものとして政令で定める建築物のことですが、それにブロック塀などが加わることになりました。これにより、都道府県又は市町村が耐震改修促進計画に記載する避難路の沿道にある一定規模以上の既存耐震不適格のブロック塀などは、耐震診断が義務付けられることになりました。

　この政令は、2018年11月30日に公布され、2019（平成31）年1月1日から施行されることになりました。これにより、これまで通学路沿道が注目されてきましたが、これからは迅速な避難により安全性を確保するため、避難路の沿道も耐震診断が義務付けられることになりました。

3　(一社)全国建築コンクリートブロック工業会の陳情

　寿栄小学校での事故後、ブロック工業会では、全国コンクリートブロック工業会連合会とともに、(一社)日本建築学会の編集により住民や施工業者向けのパンフレット「あんしんなブロック塀をめざして」を作成し、啓蒙活動に努めました。そして高槻市の方針に対して、12月10日、ブロック工業会の柳澤佳雄会長ら4つの団体の代表が高槻市役所を訪れ、濱田市長に宛てた陳情書を手渡しました（図3-30、3-31）。

※写真提供：(一社)全国建築コンクリートブロック工業会
図3-30　陳情書の提出

陳情書

高槻市長　　　　　　　様
高槻市学校ブロック塀地震事故調査委員会委員長　　　　　　様

　拝啓、貴市ますますご清栄の段、こころよりお慶び申し上げます。
　最初に、本年6月18日に大阪府北部を震源とする地震により発生しました「高槻市立寿栄小学校におけるブロック塀の倒壊事故」でお亡くなりになられました、女子児童に哀悼の意を表します。
　私たちは、建築用コンクリートブロックを製造し、あるいは施工することを生業とする業者を取り纏めている団体でありますが、1978年に発生しました宮城県沖地震以降、「コンプライアンスを重視した安全なブロック塀の確実な施工」や「既存ブロック塀の安全点検の実施」を全国によびかけ、そうした目的の講習会も実施し、ブロック建築技能者の育成や安全なブロック塀の推進を実施しております。
　また今回の事故を契機に来年より実施される予定の「既存ブロック塀の耐震診断や耐震改修」に向けた国土交通省の新しい政策に積極的に取り組んで行く所存であります。
　さて、この度の事故に関し、高槻市のホームページやメディア等で報道されている情報によりますと、「ブロック塀の縦筋が基礎部分に緊結されていなかった」ということが最大の原因とされていますが、このような手抜き工事・欠陥工事がなされたことに対し、私どもとしましては驚きを隠せません。同時に、何故あのような「いつ倒れてもおかしくない欠陥ブロック塀」が通学路に面して、しかも税金や補助金で建てられたか、残念であると同時に不思議でなりません。
　建築用コンクリートブロックは、戦後復興住宅の主要材料（補強コンクリートブロック造の構造材料）として大量に使用されましたが、最近ではブロック塀の材料として住宅を始めとする様々な施設の外構に使用されております。
　ブロック塀はプライバシーの保護や外部からの侵入者の阻止、また交通事故からの住居の保護などの特長により、生垣などと比較して定期的なメンテナンス（剪定）も不要という事で、依然として消費者から高い支持を得ております。
　また、学校などの公共施設や工場などの民間施設においても、砂塵や有害物質の外部への飛散防止、音漏れの防止、防火などの理由によりブロック塀は数多く建設されております。さらに、生垣などと比較して、道路側に生育し交通の障害物になることもなく、官民境界の明示もはっきりするという理由により行政当局より支持を得ています。また、昨今では0.6～1.2メートル程度のブロック塀の上部にフェンスを取り付けた「フェンス付きブロック塀」も普及しています。ブロック塀は建築基準法施行令や日本建築学会コンクリートブロック塀設計規準などに準拠して施工すれば安全なものができます。また塩害が懸念される海洋土木などで一般的に使われ、錆びない「エポキシ樹脂塗装鉄筋」を使用することにより、ブロック塀の鉄筋の腐食問題も解消され、最近では、この

防錆鉄筋がブロック塀に使われ始めております。

　高槻市及び高槻市学校ブロック塀地震事故調査委員会では「ブロック塀は一旦建てられてしまえば、外観からは安全点検しにくいので診断より撤去すべき」と有無を言わせず、あたかも「すべてのブロック塀は危険」であるかのような一方的な声明を発表され、ことさらブロック塀の危険性ばかりを強調されております。その結果「ブロック塀の危険性」が全国的に流布されることにより、全国にある153事業所（工業統計4人以上）の建築用コンクリートブロックを製造する中小零細の業者やブロック塀の専門工事業者は大変な風評被害に見舞われることを危惧しております。

　ブロック塀は、古さや傾き、グラつき、ひび割れの有無、控壁の有無などを確認すれば、危ないかどうかは専門家でなくともある程度わかります。日本建築学会組積工事運営委員会ではブロック塀の簡単な検査方法を紹介した冊子を配布し、ブロック塀の所有者に自己診断をすることを進めております。また公益社団法人日本エクステリア建設業協会では「ブロック塀診断士」の資格制度を設け、既存ブロック塀の診断を進めております。

　今回、高槻市立寿栄小学校で倒壊したブロック塀は築44年と非常に古く、通常ならば既に建て替えられなければならなかったものが、簡単な安全点検もされずに放置されていたことも事故の原因の一つと考えられます。

　ブロック塀の寿命は正式には決められてはおりませんが、一般的なブロック塀に使用されるブロックの品質や圧縮強さなどから類推しますと、約30年と思われます。ただし、建築物一般の寿命と同じで、丁寧に作れば寿命が長く、いい加減に作れば短いというものです。学校などに建てられる公共のブロック塀は、材料も厳選され（必ずJIS製品が指定される）、優秀な技術者（1、2級ブロック建築技能士等）により施工され、厳格な管理監督のもとに建てられますので、寿命はそれなりに長いと考えられます。

　高槻市長並びに高槻市学校ブロック塀地震事故調査委員会は、当該手抜き工事を実施した建設業者や高槻市の建設に関する管理監督者の責任を明らかにすることなく、当該工事の設計図書を「無い」という理由で開示することも、「何故あのような手抜き工事（欠陥工事）が発生したか」に関する情報を開示することもなく、とにかく「ブロック塀そのものが危険」で「撤去すれば事足りる」とするのは、問題のすり替えではないかと言わざるを得ません。我々は今後の「安全なブロック塀の推進」のために、今回の倒壊原因の徹底的な開示を求めるものであります。

　また、「ブロック塀の撤去」の理由が「外観からは安全性が確認できない」という事であれば、多くの建築物の安全性は確認できないと思われます。鉄筋コンクリート造にしても、木造にしても、或いは鉄骨造にしても、外観検査では見抜く事のできない施工不良や手抜き工事はあり、地震などの自然災害が起きてみないと判らない危険なものもあります。安全な建築物は、最終的には、建設に携わる施工者の「手抜きをしてはいけない」という良心（モラル）と、「手抜きをさせない」という管理監督者の責任感にかかっているのでは無いでしょうか。今回の高槻市のブロック塀倒壊事故の最大の原因は、その両方が決定的に

> 欠如していたという事で、同じ悲劇を繰り返さないため、我々は今後も安全ブロック塀の推進に取り組む決意であります。
> 　一方、行政機関はブロック塀が建築基準法第2条で「建築物」と定義されているにも拘らず、ブロック塀の建設を野放しにしてきた「不作為」があり、その結果、建築基準法に適合していない、見るからに違法な危ないブロック塀が建てられているケースがあります。我々は、高槻市に全国の先頭にお立ちいただいて、行政の立場から「安全・安心なブロック塀の普及」にお力添えいただきますようお願い申し上げます。
>
> 　　　　　　　　　　　　　　　　　　　　　　　　　　　　敬具
>
> 　　　　　　　　　　　　　　　　　　　　　　　　平成30年12月10日
>
> 　　　　　　　　　一般社団法人　全国建築コンクリートブロック工業会
> 　　　　　　　　　　　　　　　全国コンクリートブロック工業組合連合会
> 　　　　　　　　　　　　　　　　　　近畿コンクリートブロック工業組合
> 　　　　　　　　　　　　　　　　　　　近畿安全ブロック塀推進協議会

図3-31　陳情書

　市の第三者委員会は「施工上の不良が主な原因だった」と報告していますが、これについて陳情書では、工事を行った建設業者や管理監督者である市の責任を明らかにすることなく、コンクリートブロック塀そのものが危険であるかのように扱う内容だとしています。その上で、基準を守って設置されたコンクリートブロック塀は安全性が確保されることやコンクリートブロック塀を安全に設置するための資格試験を行っていることを理解してほしいとしています。

　全国コンクリートブロック工業組合連合会の川田孝広理事長は、「正しく造られたコンクリートブロック塀は安全だとPRしてほしい」と話し、高槻市の濱田市長は、「内容を精査のうえ、適切に対応していきたい」としています。

3-7　これからに向けて

　コンクリートブロック造が我が国に広まるのは戦後です。戦災復興として焼野原となった国土を復興するためには、鉄筋コンクリート造では時間がかかるし、高価です。しかし、だからと言って木造では、火災には弱いです。

　そのため、施工性の良いコンクリートブロックが使われることになりました。米国からコンクリートブロックを製造する機械を持ち込み、製造し、耐震・耐火造のコンクリートブロック造が我が国に広まることになりました。

　昭和20年代後半の建築関係の雑誌では、新しい住宅として耐震・耐火のコンクリートブロック造の住宅の特集が組まれました。そして、1955（昭和30）年には、住宅金融公庫でもコンクリートブロック造の設計図集を編集しました。そして、建物と同様、施工が容易で安価なコンクリートブロック塀も広まることになりました。

　しかし、戦後も終わり国が豊かになってくると、コンクリートブロック造は徐々に建設されなくなってきました。木を好む日本人の感性に合わなかったのでしょう。特に塀の場合は景観の面でも問題とされてきました。

　そして、宮城県沖地震や阪神・淡路大震災以来、コンクリートブロック塀の評判は悪くなり、住民参加による「まちの点検」では、ややもするとコンクリートブロック塀は危険で全てダメと悪者扱いをされてきました。そして、特に今回の寿栄小学校の事故後はその傾向に拍車がかかることが予想されます。

　寿栄小学校での事故を契機に、国では安全点検を学校から通学路、そして避難路へと対象範囲を広げ、品川区における助成制度のように自治体での動きも見られます。そして、（一社）全国建築コンクリートブロック工業会の陳情もありました。現在は我が国におけるコンクリートブロック造への見直しの時かもしれません。

　基準通りにつくると震度7でも大丈夫で、大震災あるいは戦災などの場合、施工性が良く復興に短時間で貢献できる、このような特質をもつ材料の価値を再度見直したいと思います。そのためには景観にも配慮し、より日本人の感性に合うように近づける工夫が必要かと思われます。

参考文献・引用文献

1) 一般社団法人全国建築コンクリートブロック工業会「ブロック塀の診断カルテ」
2) 三舩康道「都内区部におけるコンクリートブロック塀の無料診断」『近代消防』2017年11月号，近代消防社
3) 同上「大阪府北部の地震により発生した寿栄小学校の事故からみるコンクリートブロック塀問題」『近代消防』2018年9月号，近代消防社

4章

URの取組み

4-1　UR都市機構が密集市街地整備に取り組むようになった背景

　UR都市機構が、密集市街地整備に取り組むようになった背景を知るには、密集市街地の整備改善に向けた国などの取り組みを知る必要があります。それらには、次のようなものがありました。

住生活基本計画（全国計画）

　2001（平成13）年12月、都市再生プロジェクト第3次決定において、全国で約25000haある密集市街地の内、全国で約8000haある特に危険な市街地を重点区域として、10年間で整備することとされました。

　この決定を踏まえて、2006（平成18）年9月に国が策定した住生活基本計画（全国計画）の中で、密集市街地の改善状況について具体的な指標（数値目標）が示されました。そして、2011（平成23）年3月に計画が変更され、指標の見直しが行われました（図4-1）。

〈指標：基礎的な安全性の確保〉
　地震時などに著しく危険な密集市街地の面積
　2010（平成22）年度：約6000ha　→　2020（平成32）年度：おおむね解消

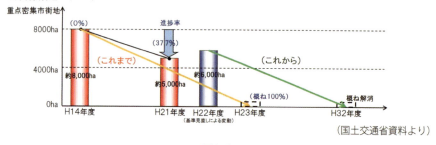

図4-1

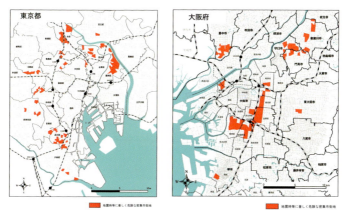

図4-2 地震時等に著しく危険な密集市街地（左：東京都、右：大阪府）[1],[2]

地震時等に著しく危険な密集市街地

　国土交通省は、2003（平成15）年7月、全国で約8000haある「地震時において大規模な火災の可能性があり、重点的に改善すべき密集市街地（重点密集市街地）」を公表しました。

　また、2011年3月に住生活基本計画（全国計画）を見直した後、従来からの指標である「延焼危険性」に加え「避難困難性」も併せて考慮するとともに、各地方公共団体の位置付け要否の判断を受け、2012（平成24）年10月に「地震時に著しく危険な密集市街地」（全国で約6000ha）を公表しました（図4-2）。

密集市街地における防災街区の整備の促進に関する法律（密集法）

　いわゆる密集法は1997（平成9）年5月に公布され、2003（平成15）年6月及び2007（平成19）年3月に改正公布されました。

　この法律には、密集市街地の防災機能の確保と土地の合理的かつ健全な利用に寄与する防災街区の整備を促進するための様々な措置が規定されています。

東京都による「木密不燃化10年プロジェクト」の取組

　東京都は、2011年に策定した新たな都市戦略「2020年の東京」において、8つの目標とそれを達成するための12のプロジェクトを掲げています。その12

プロジェクトの中の一つに、「木密地域不燃化10年プロジェクト」があります。それは、東京都が独自に定める防災上危険な木密地域（整備地域7000ha）を、「燃え広がらない・燃えないまち」にするため、以下のことを2020（平成32）年までの10年間で達成するとしています。

- 主要な都市計画道路の整備率100％：平成22年度でおおむね5割
- 延焼による焼失ゼロ（不燃領域率70％）：平成18年度で56％

そして、次の3つの柱が具体的な施策となっています。

①不燃化特区の取組の推進

　区からの提案を受け、都が地区指定・整備プログラムを認定・特別の支援を実施します。52地区、約3030haが指定されています。

②特定整備路線の整備

　整備地区内の延焼遮断帯を形成する主要な都市計画道路（都施行）を指定し、特定整備路線にかかる地権者に対して、生活再建などのための特別の支援を実施します。28区間、約26kmが指定されています。

③木密地域の住民への働きかけなど

　地域密着型集会の開催などにより、防災まちづくりの機運を醸成します。

4-2　密集市街地整備法におけるUR都市機構の位置付け

　UR都市機構は、密集市街地整備法に次のように位置付けられています。

(1) 地方公共団対の委託に基づく業務（密集市街地整備法第30条）

　　UR都市機構は、防災再開発促進地区の区域内において基盤整備や技術提供などを行うことができます。

(2) 防災街区整備事業（密集市街地整備法第117条〜第280条）

　　2003（平成15）年6月の密集市街地整備法の改正により創設された制度です。UR都市機構は事業の施工者となれるほか、参加組合員などとして事業に参画することが可能です。

　①施工者として

　　・事業実施のための権利者の合意形成から、事業計画・権利変換計画などの法手続き、防災施設建築物の整備、精算までの一連の業務を実施

します。
　・特定建築者制度や特定業務代行方式を活用し、民間事業者を誘導します。
　②参加組合員、特定建築者などとして
　・組合施工の参加組合員、公共団体など施行の特定事業参加者及び特定建築者として事業へ参画します。
(3) 従前事業者用賃貸住宅の建設など（密集市街地整備法第30条の2）
　2007（平成19）年3月の密集市街地整備法の改正により創設された制度です。密集市街地の整備にあたり移転が必要となる借家人など従前居住者のために、地方公共団体の要請に基づき、UR都市機構が賃貸住宅の建設・管理を行います（ただし、要請は2017年3月までに限られます）。

　上記のほか、独立行政法人都市再生機構法に基づく様々な業務を実施することにより、密集市街地の整備改善に取り組んでいます。

4-3　UR都市機構と密集市街地整備の歩み

　ここで、UR都市機構と密集市街地整備の歩みについて整理します。
(1) UR都市機構の組織の変遷
　UR都市機構は次のような経緯で設立されました。
　・1955（昭和30）年　　日本住宅公団設立
　・1974（昭和49）年　　地域振興整備公団設立
　・1975（昭和50）年　　宅地開発公団設立
　・1981（昭和56）年　　日本住宅公団と宅地開発公団が統合され、住宅・都市整備公団が発足。
　・1999（平成11）年　　住宅・都市整備公団が都市基盤整備公団と改称。
　・2004（平成16）年　　都市基盤整備公団と地域振興整備公団の地方都市開発整備部門が統合され、都市再生機構となる。
(2) 密集市街地整備の制度の変遷
　密集市街地の整備には、主として次のような制度が行われてきました。
　・1977（昭和52）年〜　　住環境整備モデル事業

- 1989（平成元）年〜　　コミュニティ住環境整備事業
- 1994（平成6）年〜　　密集住宅市街地整備促進事業
- 2004（平成16）年〜　　住宅市街地総合整備事業
- 2010（平成22）年〜　　社会資本整備総合交付金

(3) 法律の制定など

密集市街地整備に関する主な法律や計画などは次の通りです。

- 1995（平成7）年1月　　阪神・淡路大震災発生
- 1997（平成9）年5月　　密集法公布
- 2001（平成13）年12月　　都市再生プロジェクト（第3次決定）
- 2003（平成15）年6月　　密集法改正（防災街区整備事業）
- 2003年7月　　重点密集市街地公表
- 2006（平成18）年9月　　住宅生活基本計画策定
- 2007（平成19）年3月　　密集法改正（従前居住者用賃貸住宅）
- 2011（平成23）年3月　　東日本大震災発生、住生活基本計画見直し
- 2012（平成24）年10月　　地震時などに著しく危険な密集市街地公表

4-4　UR都市機構の総合的支援

　UR都市機構の特徴は、総合的な支援にあります。ここではそれらの側面について紹介します。

1　まちづくりのプロセスと取組み

（1）ステップ1：初動期
「まちの課題や将来像の共有」に向けた取り組みを行います。
- 地域の調査・分析
- 整備方針、整備計画などの策定
- まちづくり協議会などの設立・運営支援

（2）ステップ2：展開期
「計画的な建替え誘導と地区環境の改善」に向けた取り組みを行います。
- 地区計画などによる規制・誘導
- 沿道まちづくりの支援
- 事業化に向けた合意形成

（3）ステップ3：活動期
「事業の実施」を行います。
- 避難路の整備・延焼遮断帯の形成
- 事業に伴う移転者の受け皿住宅整備
- 建築物の不燃化の促進
- 避難場所となる公園の整備

2　UR都市機構の支援

（1）コーディネートの実施
　将来大規模な震災が発生するという想定のもと、地震などにより被害の軽減及び被災後の円滑な復興を可能とするまちづくり（事前復興）を意識して、地元住民の合意形成などのコーディネートを実施します。
- 地域の調査・分析
- 整備方針、整備計画などの策定支援

- まちづくり協議会などの設立・運営支援
- 地区計画などの規制・誘導手法の検討
- 沿道まちづくりの支援
- 事業化に向けた合意形成支援

(2) 避難路の整備・延焼遮断帯の形成
- 道路整備の受託

　　主要生活道路の整備にあたり、用地買収や補償費算定などに必要となるマンパワーやノウハウの提供をします。

- 土地区画整理事業の活用

　　道路の拡幅整備により狭小・不整形な残地が発生する場合などがあります。そのような場合に、まちづくり用地などとの土地の交換分合を区画整理事業により実施し、円滑な合意形成を図ります。

- 道路整備の直接施行

　　UR都市機構の実施する事業にあわせて整備が必要となる都市計画道路があります。そのような場合に、地方公共団体の同意によりUR都市機構が整備を行い、延焼遮断帯を形成します。

　　地方公共団体からUR都市機構に支払われる事業費は、一部長期割賦償還が可能です。

(3) 事業に伴う移転者の受け皿住宅整備
- 従前居住者用賃貸住宅の整備

　　密集市街地の整備にあたり、移転が必要となる借家人など従前居住者がいます。そのため、地方公共団体の要請に基づき、UR都市機構が賃貸住宅の建設・管理を行います（図4-3）。

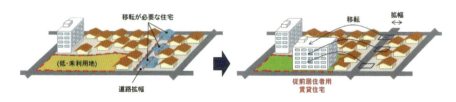

図4-3　従前居住者用賃貸住宅[3]

(4) 建築物の不燃化の促進
　・防災街区整備事業などの実施
　　　複雑な権利関係や接道条件などから老朽木造住宅などの自力更新が困難な場合などがあります。そのような場合に、防災街区整備事業や市街地再開発事業により耐火建築物や避難路などを整備し、面的な整備改善を図ります。また、権利者の意向に基づく任意の共同建替え事業についても支援します。
(5) 避難場所となる公園の整備
　・防災公園街区整備事業による避難場所（防災公園）の整備
　　　災害時の避難場所が不足する場合などがあります。そのような場合に、UR都市機構が地方公共団体の要請を受け、防災公園街区整備事業により工場跡地などの用地を取得し、そして、避難場所として機能する防災公園と周辺市街地を一体的に整備します。
　　　地方公共団体からUR都市機構に支払われる防災公園の事業費は、一部長期割賦償還が可能です。
(6) 不燃化に資する土地の機動的な取得
　・木密エリア不燃化促進事業の実施
　　　UR都市機構が土地を機動的に取得します。そして道路・公園などの公共施設整備や不燃化建替えの促進などに活用します。

4-5　特別区の密集市街地におけるURの取組み状況

　2016（平成28）年8月31日現在の都内23区の密集市街地におけるURの取組み状況は、次の通りです（図4-4）。
(1) コーディネートの実施
　・協議会運営支援、規制誘導手法検討、共同建替えなどの事業化支援などを実施中：13地区
　・うち不燃化特区関係は下記の12地区
　　京島、墨田三（鐘ヶ淵）、北砂三・四・五、荒川二・四・七、羽田、弥生町、豊島四・五・六、二葉三・四及び西大井六、東立石四、堀切、東池袋四・

図4-4　特別区におけるURの密集市街地取り組み状況図[4]

　　五、西小山（原町一・洗足一）
(2) 主要生活道路の整備
　・支援中：東立石四（葛飾区）、荒川二・四・七（荒川区）、弥生町（中野区）、堀切（葛飾区）
　・支援完了：北沢三・四（世田谷区）、十条駅周辺（北区）、太子堂二・四（世田谷区）、中葛西八（江戸川区）など
(3) 防災公園街区整備事業
　・西ヶ原四（北区）で完了
(4) 木密エリア不燃化促進事業
　・荒川二・四・七（荒川区）、東池袋四・五（豊島区）、弥生町三周辺（中野区）、京島周辺（墨田区）、豊町・二葉・西大井（品川区）で実施中
(5) 従前居住者用賃貸住宅の整備

- 根岸三（台東区）、荒川二（荒川区）で完了
(6) 防災性の高い拠点整備
- 太子堂三（世田谷区）などで完了
(7) 防災街区整備事業
- 京島三（墨田区）で完了
(8) 土地区画整理事業
- 実施中：弥生町三（中野区）
- 実施完了：根岸三（台東区）、太子堂三（世田谷区）
(9) 市街地再開発事業
- 曳舟駅前（墨田区）で完了

4-6　URの取組みのケース・スタディ

1　取組みの背景

　これまで、UR都市機構による密集市街地の整備改善に向けた取り組みの全体的な概要を紹介しました。それにより、2017（平成29）年度までは、東京都において密集市街地のある特別区の8割の区がUR都市機構を使って何らかの整備をしていることがわかりました。それらの多くは、UR都市機構がこれまで培ってきた包括的な取組みに期待し、停滞してきた密集市街地の整備を推進しようというものでした。個々の企業が単独の事業として捉えて対応し、相互関係の問題の解決に時間がかかったものを、「URであれば、包括的な問題として捉え、問題解決をスピードアップしてくれる」という期待からでした。

　そのため、ここでは最近実現した整備地区の中から具体的に3地区を選び視察し、どのようなことが実現されたのかをケースごとに整理したいと思います。これまで制度の変遷について概要の説明をしてきましたが、ここでは、密集市街地整備の制度の変遷についてもう少し詳しく整理します。

2　密集市街地整備の制度の変遷

　国では密集市街地整備のため、様々な制度を創設し対応してきました。振り返ると、1977（昭和52）年には住環境整備モデル事業、1989（平成元）年にはコミュニティ住環境整備事業、1994（平成6）年には密集住宅市街地整備促進事業、そして2004（平成16）年には住宅市街地総合整備事業が創設されてきました。

　その間、1995年（平成7年）1月17日には阪神・淡路大震災が発生し、密集地区の長田区が地震により大火災になりました。そして国はその教訓から、震災時に市街地大火を引き起こす可能性があり防災上危険な状況にある密集市街地の整備、改善を総合的に行う必要性から、1997（平成9）年に「密集市街地における防災街区の整備の促進に関する法律」（以後、密集法）を創設しました。

　その後、ノウハウやマンパワーを持つUR都市機構のコーディネートによる地方公共団体支援が本格的になりました。1998（平成10）年には密集市街地整備の専属部署が設置され、体制が整い密集市街地の整備にUR都市機構が関わっていくことになりました。そして、都市計画道路の整備において道路用地の買収や建物の補償交渉、取得地を活用した移転用代替地の確保などに、これまで培ってきたUR都市機構のノウハウが十分に発揮されました。特に大きな特徴はスピードアップでした。これまで時間がかかった都市計画道路の整備が短期間で完了するなど、事業のスピードアップが果たされ、地方公共団体の密集市街地整備に大きく貢献することになりました。

　2003（平成15）年には密集法が改正され、防災街区整備事業が創設されました。これにより、都市計画道路などの骨格的整備に加え、道路が整備されると非接道宅地や狭小宅地ではますます住宅が小さくなるなどの理由で、これまでなかなか進まなかった街区内部の整備が進むことになりました。

　そして、密集市街地では、道路整備や不燃化の促進による防災対策、安全性の強化という防災性の向上（ボトムアップ）ばかりではなく、地区の特性を活かした日常生活の質の向上、地区の魅力・価値の増進という暮らしやすいまちをつくる視点から地域の潜在的な価値を見出し地域の価値を高める（バリューアップ）ことを念頭に、安全で暮らしやすい市街地の再生に取り組むことにしました。

　具体的には、主要生活道路の拡幅整備です。これまで狭隘道路を4mに拡幅

することが目標にされてきましたが、さらに広げて幅員6m以上に拡幅することを目標にしています。そして沿道の不燃化による延焼遅延効果もあり、地区の安全性と利便性に整備効果の高い事業です。

　主要生活道路を6m幅員にするために、それまでは、地区計画により建て替え時に拡幅してゆく手法がとられてきました。しかし、この方法では個々の建て替えがなかなか進まず、道路拡幅の進捗状況は芳しくありませんでした。しかし、UR都市機構のノウハウにより、事業期間を定め、拡幅部分を用地買収で行う方法を採用することにより進展を見ることになりました。

　東日本大震災以後、国は密集市街地の整備を一段と加速させる取り組みを開始しました。そして、2011（平成23）年3月に住生活基本計画が閣議決定され、「地震時等に著しく危険な密集市街地」について、2020（平成32）年までに最低限の安全性を確保する目標を掲げました。そして、東京都では、2012（平成24）年1月に「木密地域不燃化10年プロジェクト」を策定し、主要な都市計画道路を特定整備路線と位置付け2020年までに整備するとともに、特に重点的・集中的に改善を図る地区を「不燃化特区」と位置付け、2020年度までに不燃領域率を70％に引き上げる目標を掲げました。

　UR都市機構は密集市街地の改善を一段と加速させることになりました。

3　視察概要

　ケース・スタディは、最近の例から3地区を選びました。

(1) 日時

　2017（平成29）年12月8日

(2) UR都市機構の体制

　UR都市機構の密集市街地整備部
　・中村和弘　部長
　・柳田　勉　チームリーダー

(3) 視察地区

　・台東区の根岸3丁目地区
　・荒川区の荒川2、4、7丁目地区
　・墨田区の京島3丁目地区

4 視察地区の状況
根岸3丁目地区
(1) 従前の状況と課題

　台東区の根岸3丁目地区は、一部に寺社が存在し、昔ながらの下町風情を残す歴史ある住宅地ですが、その一方で戦災を免れたため、土地区画整理事業などの市街地整備が行われておらず、狭隘道路や老朽住宅などが多いなど、防災上多くの課題を抱えていました。

　台東区は2002（平成14）年度から住宅市街地総合整備事業を実施し、防災広場と広場北側の通り抜け道路を整備しましたが、接続する防災区画道路B路線は幅員3m未満の行き止まり道路で、沿道には老朽住宅が多く建ち並び、借家人には高齢者が多く居住するなど、さらなる対応が求められていました。

(2) UR都市機構の取り組み

　台東区からの協力要請を受け、UR都市機構は、防災区画道路B路線の整備に対する土地区画整理事業（個人施行）及び道路拡幅工事などを実施しました。

　道路整備に伴い、移転などが必要になる借家人などの移転先として、従前居住者用賃貸住宅「コンフォール根岸」を整備しました。

　ア）土地区画整理事業の概要
　　・施行面積：約0.3ha
　　・施行期間：2009（平成21）～2012（平成24）年度
　イ）従前居住者用賃貸住宅の概要
　　・敷地面積：766.73㎡
　　・延床面積：1,456.16㎡
　　・構造・階数：RC造、5階建て（一部4階）
　　・住宅戸数：34戸

(3) 台東区の取組み（図4-5）
　・根岸3・4・5丁目地区住宅市街地総合整備事業（密集型）：33.2ha
　・当地区は、台東区の北部に位置し、JR線鶯谷駅、東京メトロ入谷駅、都電荒川線三ノ輪橋駅に近く、また、南側を言問通り（環状3号線）、東側を金杉通り（補助184号線）及び昭和通り（放射12号線）に囲まれた、鉄道及び道路などの交通利便性の高い地区です。

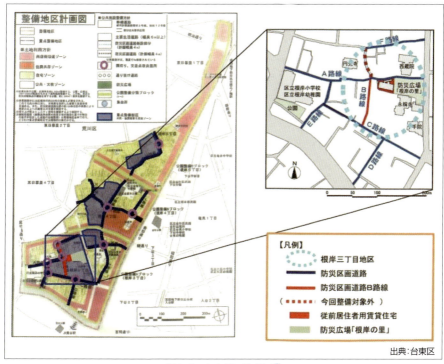

図4-5　台東区の取組み[5]

- 防災性の向上に関する基本方針及び実現方策として、不燃領域率の向上（2016年度までに70％）、平常時の消防活動困難区域の解消、行き止まりの解消、通り抜け通路の整備、耐震性貯水槽などの設置、住民の防災意識の向上を掲げてきました。

(4) 土地区画整理事業の活用による防災区画道路B路線の整備

　台東区が先行取得した土地を活用し、土地区画整理事業により土地の再配置を行い、道路用地と従前居住者用賃貸住宅用地を確保するとともに、権利者が整形の土地を取得できるように配慮しました（図4-6）。

(5) 従前居住者用賃貸住宅の建設等制度の活用

　防災区画道路B路線沿道の老朽木造住宅には、高齢の借家人が多く居住しており、民間賃貸住宅や公営住宅では移転先を探すことが困難でした。UR都市機構は区有地を取得したうえで、台東区の要請に基づき従前居住者用賃貸

図4-6　区画整理事業[6]

住宅を整備し、必要戸数を台東区が戸別に借り上げ、道路整備に伴い移転などが必要となる方に提供しました（図4-3）。

　UR都市機構が住宅の建設と管理を実施することにより、台東区における人的・費用的負担の軽減が図られました。

(6) 台東区との役割分担

　台東区との間でまちづくりに関する協定を締結し、その協定に基づき、土地区画整理事業の施行や防災区画道路B路線整備に関する業務を区からの受託事業として進めました。

　UR都市機構が、土地区画整理事業の施行や従前居住者用賃貸住宅整備とあわせて権利者など調整業務や道路拡幅整備工事を受託することにより、事業の一元管理が可能となりました。そのため、UR都市機構のノウハウを活用し、工程をスムーズに進めることができました。

(7) 事業実施の効果

　今回の事業により、根岸3丁目地区では次のような効果が出ました。

①朽木造住宅除却による延焼危険性の解消

②避難路ネットワークの形成及び防災広場「根岸の里」への安全な避難経路の確保（図4-7）

③従前居住者の既存コミュニティと生活環境を極力維持した生活再建（図4-8〜4-10）

図4-7 防災広場(根岸の里)

図4-8 従前居住者用住宅の整備(コンフォール根岸)

図4-9 B路線の整備①

図4-10 B路線の整備②

図4-11 防災広場(根岸の里)

4章 URの取組み

荒川2、4、7丁目地区

(1) 従前の状況と課題

　荒川区の荒川2、4、7丁目地区は、1913（大正2）年の王子電車（現在の都電荒川線）の開通により徐々に市街化が進行した地区です。その後、大正末期から昭和初期にかけて急速な市街化と工業化が進みました。そして、戦災の焼け残りも存在していたため、戦後は基盤整備が行われないまま市街化が進行し、狭隘道路や老朽住宅が多いなど、現在の密集市街地が形成されました。

　都市基盤の骨格は戦前からほとんど変わっておらず、狭隘道路が多く、災害時の対応などの防災上や住環境の面で多くの課題を抱えています。また、狭小敷地の木造住宅が多く、接道条件が悪く建て替えが進んでいませんでした。

(2) UR都市機構の取り組み

　2012（平成24）年8月に荒川区が、当地区の主要生活道路を道路事業により整備する方針に転換しました。その時、荒川区から、UR都市機構は道路事業やその推進策としての従前居住者住宅の整備などについて支援要請を受けました。この要請を受け、2本の主要生活道路の整備を支援し、あわせて移転をしていただく方々のために従前居住者用の賃貸住宅を整備しました。

　　ア) 道路事業の概要
　　　・事業期間：2012年度〜
　　　・主要生活道路2路線（2号線、3号線）、幅員：6m
　　　・路線延長：2号線275m、3号線340m

　　イ) 従前居住者用賃貸住宅の概要
　　　・竣工：2014（平成26）年度
　　　・敷地面積：約907㎡
　　　・延床面積：約1,280㎡
　　　・構造・階数：RC造、5階建て
　　　・住宅戸数：27戸

(3) 荒川区の取組み（図4-12）
　　・荒川2・4・7丁目地区住宅市街地総合整備事業（密集型）：約48.5ha
　　・当地区は、地区の北側には交通の要所である京成線町屋駅および都電荒川線町屋駅があり、南側には荒川区役所がある地区です。

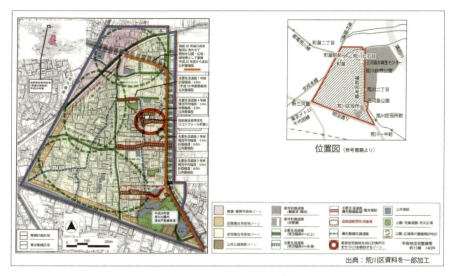

図4-12　荒川区の取組み[6]

・居住者の高齢化とともに建物の老朽化が進んでおり、道路が狭く平常時の消防活動が困難な地域で、公園・オープンスペースが不足しており、都市計画道路の未整備が課題として挙げられていました。
・そのため、道路の拡幅整備、不燃化建物への建替え、公園などの整備、まちづくり協議会の開催に努めました。
・特に道路の拡幅整備では、主要生活道路（幅員6m）拡幅整備に努めました。

(4) 建て替え連動型から道路事業への転換と地域内移転の算段

　荒川区では、2005（平成17）年から住宅市街地総合整備事業（密集型）を導入し、主要生活道路の整備を進めていました。しかし、権利者の建て替えのタイミングで道路を拡幅する手法では整備に時間を要します。そのため区が、主要生活道路のうち緊急度・整備効率の高い優先整備路線を定め、道路事業により進めていく手法に転換しました。そして、道路事業の推進に当たって、移転を余儀なくされる住民が、地域内で居住を継続できるようにするために、UR都市機構が取得した都営アパート跡地に従前居住者用賃貸住宅と代替地を確保しました（図4-13）。

　また、荒川区が都営アパートに隣接する工場跡地を取得し、当地区南側に

都営跡地周辺の計画図(参考書籍より)
図4-13 建て替え連動型から道路事業への転換[6]

老朽化した図書館の移転と併せた複合施設整備を計画し、そのことにより、道路整備と併せて都営アパート跡地及び工場跡地の再編計画が整いました。

(5) 木密エリア不燃化促進事業の導入

当地区では、UR都市機構が地区内の土地を機動的に取得し、交換分合を行い、代替地や共同化の種地としながら建物更新をさせる「木密エリア不燃化促進事業」(UR都市機構の独自の取り組み)を導入しました。

その中で、主要生活道路整備にあたり、道路用地として買収した残地が狭小のため住宅の再建が困難なケースがあり、その残地の扱いや代替地の確保が課題となりました。それに対して、UR都市機構は従前居住者用住宅による生活再建に加え、木密エリア不燃化促進事業を活用し、道路整備に伴う残地の取得や代替地確保といった生活再建策の選択肢を増やしました。

(6) 事業実施の効果

今回の事業により、荒川2、4、7丁目地区では次のような効果が出ました。

①移転を余儀なくされる住民の地区内での継続居住の実現(図4-14)

②地域防災力の向上として、

　(ア) 主要生活道路の整備(図4-15)

　(イ) 道路整備とあわせた不燃化建て替え(図4-16)

　(ウ) 老朽木造住宅の除却

図4-14　従前居住者用住宅の整備①

図4-15　道路整備

図4-16　木密エリア不燃化促進事業

図4-17　ゆいの森あらかわ(複合公共施設)①

図4-18　ゆいの森あらかわ(複合公共施設)②

（エ）災害時の拠点となる防災広場の整備
（オ）公園などオープンスペースの整備（図4-17、4-18）
③住民の防災意識の醸成

京島3丁目地区

(1) 従前の状況と課題

　墨田区の京島3丁目地区には老朽化した木造住宅や長屋が密集しており、地震発生時には建物の倒壊や延焼の危険がありました。しかし、そのような状況を改善するにも権利関係が複雑で、個別更新は難しい状況でした。

　また、地区周辺の道路は狭隘で、消防活動や住民の避難に支障が出るなどの防災上の課題がありました。

　そのため、地区の防災性の向上という観点から、老朽建物の耐震化・不燃化、そして周辺道路の拡幅整備が急務となっていました。

(2) UR都市機構の取り組み

　墨田区からの要請を受け、UR都市機構は区が行なっている住宅市街地総合整備事業と連携して防災街区整備事業を施行し、老朽化した木造建築物を耐火建築物へと建替え不燃化を図るとともに、主要生活道路21号線など周辺道路の拡幅整備を実施しました。

　①事業概要
　・地区面積：約0.2ha
　・事業期間：2010（平成22）（事業計画認可）〜2013（平成25）年度
　②防災施設建築物の概要
　・敷地面積：約1,380㎡
　・延床面積：約3,070㎡
　・構造・階数：RC造、5階建て
　・住宅戸数：36戸

(3) 墨田区の取組み（図4-19）
　・京島地区住宅市街地総合整備事業（密集型）：25.5ha
　・かつて京島地区は、東京都では地域危険度の一番高い地区として知られていました。

図4-19　墨田区の取組み[7]

- 地区の防災性の向上を図るため、老朽木造住宅の建替えと改善、生活道路の拡幅、公園の整備、コミュニティ施設の建設などを実施してきました。
- 建物の計画として不燃化の促進、敷地の統合による立体利用する計画、生活道路の拡幅では主要生活道路の幅員を6～8mに拡幅、そして小規模な広場やポケットパーク、そして本格的な高齢社会の到来や社会状況の変化に合わせてコミュニティ施設の建設をしてきました。

(4) 事業スキーム（権利変換）

　地区内で多くのスペースを占める共同利用区については、権利床住宅を含む共同住宅（防災施設建築物）を整備しました。また、権利床以外の保留床は公募により選定された特定事業参加者が取得しています。

　一方、個別利用区については、墨田区が所有していたまちづくり用地の一部を底地権に権利変換するとともに、賃借権を60年と設定した定期借地権を施行

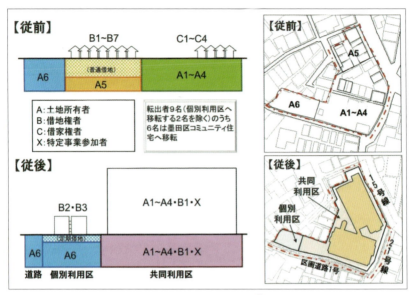

図4-20　権利変換方式[6]

者が原始取得の上、個別利用区への移転を希望した権利者に特定譲渡しました。その後権利者自らが住宅を建設しています（図4-20）。

(5) 事業推進上の工夫（定期借地権の活用など）

　従前借地権者が戸建住宅への移転要望をする場合に対応するため、個別利用区を設定しました。さらに権利者の負担軽減のため、敷地利用権として権利割合の小さい定期借地権の設定などにより、円滑な生活再建を実現しました。

　また、個別利用区を先行整備することにしたため、直接移転を可能とし、権利者の移転に係る負担を軽減しました。

(6) 事業実施の効果

　今回の事業により、京島3丁目地区では次のようなことが果たされました。

①災施設建築物の整備などによる不燃領域率の向上（図4-21～4-24）

②主要生活道路21号線の拡幅などによる避難路及び緊急車両進入路ネットワークの強化（図4-25、4-26）

③敷地内緑化などによる住環境の向上及び新たな居住者の流入による地域の活性化

図4-21　防災街区整備事業①

図4-22　防災街区整備事業②

図4-23　防災街区整備事業③

図4-24　防災街区整備事業④

図4-25　拡幅された主要生活道路①

図4-26　拡幅された主要生活道路②

4章　URの取組み

5 まとめ

　これまでなかなか進まなかった密集地区の整備が、UR都市機構が関わることによりスピードアップが図られ、特に幅員6m以上の主要生活道路の整備が一段と進んだことは大きな成果です。ここで今回見た3地区の成果を整理すると、次のようになります。

①根岸3丁目地区
　・道路整備の受託
　・土地区画整理事業の活用
　・従前居住者用賃貸住宅の整備

②荒川2、4、7丁目地区
　・道路整備の受託
　・従前居住者用賃貸住宅の整備
　・木密エリア不燃化促進事業の活用

③京島3丁目地区
　・防災街区整備事業

　UR都市機構の特徴は、それぞれの事業を単独ではなく包括的に実施できることにあります。そのため、効率よく事業のスピードアップを達成しています。今後、これまで達成してきたノウハウを活かし、さらに多方面での成果が期待されます。

参考文献・引用文献

1) 国土交通省住宅局「東京都の「地震時等に著しく危険な密集市街地」の区域図」2012年10月。https://www.mlit.go.jp/common/000226570.pdf
2) 同上「大阪府の「地震時等に著しく危険な密集市街地」の区域図」2012年10月。https://www.mlit.go.jp/common/000226571.pdf
3) UR都市機構「密集地市街地整備事業」https://www.ur-net.go.jp/produce/business/business03.html
4) 独立行政法人都市再生機構資料
5) 台東区「根岸三・四・五丁目地区住宅市街地総合整備事業」
6) 独立行政法人都市再生機構「UR都市機構の密集市街地整備」
7) 墨田区「京島地区住宅市街地総合整備事業」
8) UR密集市街地整備検討会『密集市街地の防災と住環境整備──実践にみる15の処方箋』学芸出版社，2017年11月
9) 三舩康道「UR都市機構による密集市街地の整備」『近代消防』2019年2月号，近代消防社

5章

これからの密集市街地の
整備に向けて

これまで見てきた中で、第2章から第4章までが今回新たに調査を試みた点です。最後にこれらの視点からからみた、これからの密集市街地の整備についてまとめておきたいと思います。

5-1　狭隘道路の拡幅整備について

　今回は、密集市街地でも特に狭隘道路の拡幅整備の状況がどのように進んでいるかの概要を把握することを主な目的として視察調査を行い、まとめています。専門家の中にも、拡幅整備はあまり進んでいないのではないかと気にしている方々もおられ、密集市街地の問題は懸念材料でした。

　密集市街地は大きな都市問題として存在していました。2018（平成30）年度末に行われたマスコミの調査では、依然として密集市街地は解消されていないなどの報道もありました。

　今回、都内各区の密集市街地中から取り上げた地区を歩き、拡幅整備された箇所を地図に落とし、写真撮影を行い、各区で実施されてきた狭隘道路拡幅整備事業の進展状況を把握しました。

　その結果を基に各区にヒアリングすると、狭隘道路の拡幅整備については事業開始当初はなかなか協力いただけなかった状況もありましたが、事業が開始され約30年経過した現在では、新築においてはほぼ100％の拡幅整備が行われ、成果を上げるようになっているとの感想をいただきました。これは約30年経過して、住民の間にみなし道路は拡幅整備するものということが浸透しているからと思われます。

　住民には、建築基準法では道路幅員は4mというのが最低の幅員と決められており、それを守らないと消防活動が迅速に行えず地域の安全性は向上しない、という自覚が浸透してきており、新築時には幅員4m未満の道路は、道路中心線から2m部分を道路としなければならないということが当然のように理解されてきたように思います。そして、特に若い世代が建て替えた住宅には、法律を遵守する精神が見られます。

　これはひとえに、そのようなことを啓発し続けてきた行政の姿勢と、建築基準法を遵守し、安全な建物とまちをつくっていこうとする設計士さんの努

力のたまものです。ヒアリングを重ねていくと、行政と設計士さんの団体が協働し合っているところは良い結果を出しているように思えました。

そして、どの程度拡幅整備しているのだろうかと担当者に感想を聞くと、狭隘道路の約30％程度が拡幅整備されたのではないかというのが平均的な状況のようです。これは、各区を歩いて視察した印象とほぼ同じでした。

もちろん、まだ30年経過していない区では、そこまでは達成していないと思われますが、平均的に30年で30％の達成と思われます。この状況を見ると、事業開始の当初に、狭隘道路の拡幅整備は都市計画の100年事業と言われたことがほぼ現実的に思えます。

しかし、密集市街地には老朽住宅が多く、また代替わりもあります。そのため、これから先のある時期には建て替えが相次いで行われることが予想され、狭隘道路が拡幅整備されるまでには100年というように長くはかからないのではないかと思われます。そのような予測もあって、都内で行われている狭隘道路拡幅整備事業は着実に成果を上げ、目標は早めに達成するだろうと思われます。

整備の状況をデータとして数値で挙げることはできませんが、昭和が終わるころから開始された事業は着実に成果を見せている、都市計画の事業として間違ってはいなかった、これからこの方針で進めていくと良い、そのような目安を得ることができたのが今回の最大の成果でした。

そして、近年では新築のほぼ100％が道路拡幅を実施しているということです。そのため、事業開始当初にあまり協力をいただけなかった頃の残された部分の整備がこれからの課題になるだろうと思われます。

そして、課題は共同建替えです、共同建替えのメリットを訴えますが、なかなか共同建替えが進まない中で、今回は品川区中延2丁目の防災街区整備事業の大規模共同建替えの例を紹介しました。このような大規模な共同建替の実現は難しいと思われますが、住民が良いと思っていただければと思います。

5-2　コンクリートブロック塀について

　コンクリートブロック塀については、今回実施したような調査は初めて行われた調査です。

　特に密集市街地の場合、敷地が狭いため、控え壁の必要なコンクリートブロック塀は設置しにくいと思われ、それほどコンクリートブロック塀は多くはないと思われましたが、幅員が2m未満の道路で、相当長いコンクリートブロック塀が設置されているところもありました。

　このような地区で、震災が発生しコンクリートブロック塀が倒壊したら大変です。コンクリートブロック塀倒壊による死者の発生や、火災が発生した場合に迅速な避難ができず被害が大きくなる可能性が大きいです。

　一方で、しっかりと造られたコンクリートブロック塀が、家屋の倒壊を防ぎ道路に被害を及ぼさなかった、あるいは隣家に被害を及ぼさなかった例があることは、これまでの震災が示しています（図5-1）。そのため、基準を守ったコンクリートブロック塀をつくることは、減災に繋がります。

　基準を守ったコンクリートブロック塀ならば、密集市街地の狭隘道路は、耐震・耐火構造の壁で守られた廊下のようなものです。火災が発生し大火になると問題でしょうが、初期の火災時の避難には有効になりそうです。

　しかし、自宅のコンクリートブロック塀については、ほとんどの方が建設業者にまかせており、実態を知らないという状況でした。このような状況もあり調査を実施したわけです。そのような意味では、意義のある調査を実施したと思います。

　今回は、密集市街地と良好な住宅地を取り上げて調査し、比較していますが、調査には(一社)全国建築コンクリートブロック工業会の「ブロック塀の診断カルテ」を使って調査しました。結果は、密集市街地の評点が低くなりましたが、これは予想通りでした。そして、「注意を要する」と「危険である」を合わせて、密集市街地の荏原4丁目では42％、良好な住宅地の西片地区では30％と、明らかな違いが出ました。

　調査地区は2地区で、基本的にはもう少し調査の事例を集めたいところです。このような調査は初めてということもあり、無料診断として実施しました。し

図5-1　ブロック塀が道路と隣家への倒壊を防いだ（熊本地震）

かし、寿栄小学校の事故以来、無料診断は実施しにくくなってしまいました。これからはブロック塀診断士の団体が担っていくべきものと思います。

　ここで、我が国におけるコンクリートブロックの歴史を少し振り返ってみたいと思います。

　コンクリートブロックが我が国において建築材料として広く使われるようになったのは戦後からです。戦災後、コンクリートブロックは焼野原となった我が国を復興に導くために大きく貢献しました。木造のバラックもありましたが、耐震・耐火構造で早期に復興するためには鉄筋コンクリート造だけでは不可能です。そのため、米国よりコンクリートブロックを製造する機械を持ってきて、安価で施工性の良いコンクリートブロックを製造することになりました。

　戦災復興のために、1949（昭和24）年に建設省により編集され、彰国社により発行された『明日の住宅と都市』の中に、高山英華氏の「住宅と都市計画の諸問題」という論文があります。その中に、戦災復興のための1948（昭和23）年度の政府計画住宅が記されています。これを見ると、全体数63,436戸のうちブロック造住宅が100戸入っています。これは、連合軍司令部の中でも米国の考えが反映され、試みとして100戸組み入れられたのではないかと思われます（表5-1）。これが契機となって、その後の戦災復興にコンクリートブロックが使われていったと思われます。そして、その後の我が国における、コンクリートブロック造の発展については、第3章に述べたとおりです。

住宅の種類	住宅数（戸）
木造新築庶民住宅	31,400
鉄筋コンクリート造住宅	1,800
ブロック造住宅	100
既存建物転用	4,000
余裕住宅解放	2,000
無縁故引揚者住宅	5,989
災害復旧用住宅	4,500
開拓民住宅	13,650
合計	63,436

表5-1　1948(昭和23)年度　政府計画住宅[1]

　今回の寿栄小学校におけるコンクリートブロック塀の事故はコンクリートブロック業界に大きな影響を及ぼしています。

　現在の住民参加のまちづくりは、子供達にも及んでいます。子供の視点をまちづくりに導入しようということで、子供のころから「まち歩き点検」が行われるようになってきました。

　そして、今回の事故はそのような時期に発生しました。そのため、子供の頃からブロック塀は危険との意識に拍車がかかり、コンクリートブロックはダメという否定的な環境が子供の頃から形成されてしまいます。

　国や、高槻市で発表された行政の方針もあります。加えて、最近ではよく行われるようになってきた、住民でつくるまちづくりのルールがあります。それは、地区計画でルールがつくられるのですが、最近の例ではコンクリートブロック塀を少なくする方向性の地区計画が多いように思われます。

　社会がコンクリートブロックを敬遠するような状況もある中で、基準通りにつくると震度7でも大丈夫であり、大震災時の復興に有効で、かつまた安価で施工性の良いコンクリートブロックをほうっておく手はありません。

　このようなブロックを有効に使うため、コンクリートブロックの業界にあっては、誤解を解く努力を重ねるとともに、景観などに配慮し、より日本人の感性に合うものにするための工夫が必要と思われます。

5-3　UR都市機構について

　密集法の制定と東日本大震災以来、UR都市機構の活躍の場は広がりを見せてきたように思います。東日本大震災の復興にはUR都市機構のノウハウとマンパワーが必要とされ、ほとんどの被災地で復興住宅の建設に貢献してきましたが、現在では、密集市街地の整備にもUR都市機構のノウハウが必要とされてきたように思います

　密集市街地においてUR都市機構の存在意義は、他の組織では難しい、包括的な問題解決を行うことができるということです。そして、スピードアップができ、そのため、事業を全体的に効率的に展開することができるということです。

　今回は、3地区のケース・スタディでも見ましたが、主要生活道路の整備と従前居住者用住宅の建設に、効果的に対応しています。

　個別建替えが中心となる4m幅員への拡幅整備は、なかなか急ぎようがありませんが、地区の骨格となる6m以上の幅員を持つ主要生活道路の拡幅整備は早期の実現を目指したい事業です。

　このように、密集市街地の中心部に幅員6m以上の骨格的な道路が実現していくと、住民も安全性の高いまちの整備の実現に向けて意欲が増していくのではないかと思います。そのような意味では、主要生活道路の整備は住民の目に見える形で地区の変化が見られる整備で効果的です。

　そして、そのような整備のためには、従前居住者用住宅が必要になる場合が多いです。そのように課題が重なるところに、包括的に捉えることのできるUR都市機構のノウハウが発揮されます。

　個別建替えを待っていてはいつになるかわからないという状況の中で、UR都市機構には、主要生活道路と従前居住者用住宅とそれに加えて公園の整備をスピードアップして効率的に実現するという、包括的な解決をすることが期待されています。そして、これからは、より一層多岐にわたる問題の解決が期待されていくのではないかと思われます。

5-4　糸魚川市大規模火災
──木造住宅密集地域への警鐘再び

　2016（平成28）年12月22日に糸魚川市の駅北で火災が発生しました。この火災は木造密集地域への警鐘ともなった火災です。そのため、本書の最後に、この火災について述べさせていただきます。なお、この文章は、2017（平成29）年の『近代消防』4月号[2]に掲載されたものを一部加筆し修正したものです。

1　はじめに

　12月22日、新潟県糸魚川市で火災が発生しました。お昼のニュースでも取り上げられましたが、飲食店で10時20分頃に出火した火災が、当日の強風にあおられ、次々に延焼を広げることになりました。そして、その日の夜のニュース映像で燃え続けている火災の様子が伝えられました。そして、鎮火は翌23日の16時30分、延々と約30時間燃え続けました。

　総務省消防庁によれば、火災の焼損棟数は144棟、焼損面積約40,000㎡でした。一方、人的被害は、死者は0人、負傷者は16人（消火活動中に負傷した消防団員14人）でした。

　マスコミの報道によれば、出火した飲食店の店主が鍋に火をつけたままその場を離れて火災になり、それが強風により延焼が広範囲に拡大したとのことでした。

　震災ではない大火は、酒田の大火以来ということで、視察に行くことにしました。日程を調整し、クリスマスの25日、午前中に現地に着きました。今回はその視察状況を報告します。

2　気象状況

　気象庁によれば、当日は日本海側の低気圧に南風が吹き込み、糸魚川市では出火当時の22日の10時20分現在の最大風速は13.9m/s、11時40分現在の最大瞬間風速27.2m/sを記録しました。これにより、暖かい南風が山を越えて日本海側に吹き降ろすと同時に、空気を乾燥させ気温が上がるフェーン現象が発生しており、出火当時は強風注意報が発表されていました。

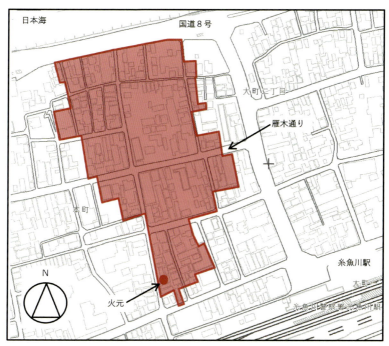

図5-2　被災エリア図（2017年1月12日現在）[3]

3　被災地の状況

　被災地は新幹線を降りて、駅から日本海の方向に向かって左側、5分程度のところでした（図5-2）。

　火元の飲食店の周辺は、長屋のように建物が連なっており、建物のファサードは残っていましたが、一歩中に入ると奥のほうまですっかり焼け焦げた状況でした（図5-3、5-4）。建物の表側は残っていましたが、それ以外は無残にも形をなしておらず、まだ消火活動のための水が建物の燃え残りのあちこちから滴っていました。そして焦げた臭いに包まれていました（図5-5）。

　焼け跡では木材はすっかり焼け、波板鉄板などの鉄の部材があちこちで焦げて曲がっていました（図5-6～5-8）。そして水道の水があちこちで噴出している、そんな光景が見られました。

　そして土蔵が焼け崩れた状況は印象的でした。隙間から火の粉が入り内部

図5-3　火元の飲食店の周辺

図5-4　火元周辺の並び

から火災になってしまったのでしょうか、あるいは土蔵の壁がそれほど厚くもなく大火による高熱のため内部の木材が燃えてしまったのでしょうか、いずれにしろ土蔵が燃えて崩壊した状況もいくつか見ました。もちろん中には無事だった土蔵もありましたが、無事だった土蔵の数は少なく、焼け崩れた土蔵のほうが多い状況でした（図5-9、5-10）。

　このような状況を見て、土蔵は火災に強いというイメージが崩れました。火災対策として窓を閉め隙間を塞いでから避難することが考えられますが、強風で避難を呼びかけられるとなかなかそのようなことをしている時間などありません。そして壁の厚い土蔵でなければ火災には持ちこたえられません。土

図5-5　一歩中に入ると完全燃焼

図5-6　焼け跡には鉄板などが残る

蔵も大火にはどうしようもないという印象でした。

　基本的に火災の被災地は木造の市街地でした。鉄筋コンクリート造などの不燃建築物がところどころに焼け残っていましたが、数は少なく、またガラスは割れ壁は黒焦げ状態で、外壁の吹き付けの仕上げ材料が、熱によりふくらみデコボコしている状況も多いものでした（図5-11）。

　日本海に沿って国道8号が平行に走っており、火災は国道8号までの建物を燃やしつくしました。日本海に吹く風を受けながら、国道8号を歩く時、焼けつくした市街地を見る時の寂しさは言いようのないものがありました。

図5-7 広範囲に延焼した様子

図5-8 多少残された木造の骨組み

図5-9 焼け崩れた土蔵

図5-10　土蔵の内部

図5-11　焼け残された鉄筋コンクリート造

4　雁木通りの被害

　1993（平成5）年度に糸魚川市では町の目玉をつくり商店街振興をしました。それは雁木通りでした。雁木とは雪国に特徴のある木造の小さなアーケードのようなもので、雪の中でも歩いて街を行き来できます。当時、通産省の高度化資金などを使い、商店街振興として新しく木造で雁木通りをつくり、これは評判になりました。

　その通りは、新幹線と日本海に沿って走る国道8号の間の平行な本町通りでした（図5-12）。火災は新幹線の駅に近いほうから発火し、日本海に向かって吹く風の影響もあって延焼しました。そのため名物の雁木通りも火災により分

図5-12　中央部が火災になった雁木通り

図5-13　火災に遭わなかった雁木通り

断させられることになりました。

　筆者は、雁木通りの完成後、歴史的景観という観点から新しくできた雁木通りを見に行きました。通常、アーケードはスチール製ですが、木造を使って地域の歴史的景観を継承するように配慮しており、また木造とはいえ現代風に造られており、開放的な雁木通りでした。

　しかし、今回は無残にも焼けた通りを見ることになり、せっかく補助金をいただいてつくった雁木通りが、火災で燃え分断された状況には残念な思いでした（図5-12、5-13）。

　幸いにも、角地で火災の方向からは直交する道路と駐車場があったため、ま

図5-14　焼け残った山岸呉服店

図5-15　山岸呉服店の西側
トタンで覆われ駐車場も含めたスペースが有効だった

た木造でしたが外壁をトタンで覆っていたこともあり大火に巻き込まれず部分焼で済んだ山岸呉服店がありました。山岸呉服店は景観にも寄与しているデザインで、利用者のため雁木通りの幅員も広く確保している建物でした。片付けで忙しい最中でしたが火災の状況を聞きました（図5-14、5-15）。

「すぐに避難しなさいと呼びかけられ、何も持ち出せなかった。そして建物が燃えなかったとはいえ、店にあったものは、全て消火のための水をかぶってしまった。そして、火災の臭いもしみついて売り物にはならない。おそらく消防も当店が燃えると他への影響が大きく、ここで火災を止めようと消火活動をしたのではないか。」ということでした。歳末の売り出しの時に、商品

図5-16　堤さんが放水活動をし、焼け残った家①
右側にしゃがんでいるのが堤さん

を全て失ってしまいこれからどうするか、課題が待ち受けています。

5　建設した家を守った建設会社の社長の魂

　被災地を歩いていて、綺麗に残っていて、どうしたのだろうと気になっていた建物が2軒ありました。視察を終えて、帰ろうともう一度火元のところに立ち寄りました。気になっていた1軒は火元から5軒目の住宅でした。火元から長屋のように連なる通りではほとんど燃えていましたが、3階建てのその家だけは、人が出入りし内部が燃えておらず使える家のようでした。草月流のいけばな教室もしている家でした。

　家の前で、ベニアを切っている方がいたので聞いてみました（図5-16、5-17）。
　その方は、株式会社堤ハウジングの社長の堤和秋氏でした。現在は、残された家の方から応急修理をお願いされているとのことでした。火災の状況を聞くと、「被災地には2軒の家を建設していた。駅の反対側に会社があり、火災の時は車を使って約30分で来た。そして、自分の建てた家の消火活動をしようと思った。火災の時、この家は火元に近く火勢が強く近づけなかった。しかしこの家は、鉄骨造の3階建て、外壁に厚さ12.5mmの石膏ボードとステンレスを使った準耐火建築なので、火元側の窓は網入りガラスを使っており、割れなければ隣からの火が入らず火災にはならず大丈夫と思った。ポンプ車は到着が遅く、風下からの放水量が少なく、花に水をやる程度だった」という

図5-17　（株）堤ハウジングの堤和秋さん

図5-18　堤さんが放水活動をした家②
隣は火災で燃えたが焼け残った

ことでした。

　そして、「もう1軒自分が建設した家で助けた家がある。」というので、案内していただきました。その場所に着くと、被災地の中央にあるきれいに残っている木造2階建ての家でした。それは、どうして残ったのかわからないと気にしていた残りの1軒でした（図5-18）。「どうしたんですか」と聞くと、「夜の11時頃から外にある蛇口とホースを使って水をかけた。家の人は避難していなかったが、外の水道で屋根や外壁に水をかけ、建物を冷やし、火の粉が来ても火災にならないようにした。途中、周辺の火災の炎が熱くなり、熱さを防ぐため時々建物の陰に移動して身の安全を確保しながら、深夜の2時半頃ま

5章　これからの密集市街地の整備に向けて　153

図5-19　放水活動を再現

で家に放水しこの家を守った。この家は建設して1年程度なので守れてよかった。」と語りました。

　実際どのようにして放水したのか、その場で再現していただきました（図5-19）。

　家は2人のご高齢の兄妹のものでした。その日は丁度中にいらしたので、状況を聞くと、「避難を呼びかけられたのですぐに避難した。堤さんが水をかけていたのは、遠くから見て知っていた。翌日はまだ避難勧告が解除になっていなかったので、立ち寄れず避難所にいた。そして2日後に、焼け跡を見に来たが、我が家がきれいに残っているのを見て驚いた。そして感激した。堤さんが、夜の2時半まで水をかけていたことは後で聞いて知った。感謝しています。」と語りました。

　兄妹は1年前に建設した家を火災で失ったと思って戻って来たようですが、周辺の建物が燃え崩れた中で、きれいに残っていた我が家を見て驚いたのでしょう。ヒアリングした時は、心配で見に来た娘さんもいて、喜んでいました。内部の写真は図5-20の通り、全く無事な状態でした。

　消火活動をした堤氏は、「今は、安全が優先で、すぐに避難をせよと言われて避難することになるが、その前に、もう少しするべきことがあるのではないか。そして、消防団は来たが、経験が少なく、大火の場合は先頭に立って予測して指示できるキャリアのある人がいないとダメだ」と語りました。

　前面道路が広かったのも幸いしたのかも知れません。隣の建物はすっかり

図5-20　倉又家の玄関ホール

焼け崩れている中で、きれいに守られました。

　被災地に行くと、時々奇跡のような話に出会いますが、今回の視察でも、自分の建設した家を命がけで守ったという「建設会社の社長の魂」に出会いました。同じ建設業界の人間として頭が下がる思いでした。しかし、これは、自分で建てたという建物を良く知っている人だからできた奇跡のような話と思いました。大火の中ではなかなか一般の人には勧められない話ではあると思います。

6　ちょっとした努力

　なかなか一般の人には勧められない話ではあると思いますが、ここで、もう一度今回の事態を検証してみたいと思います。

　消防力はそもそも大火を想定してはいません。通常火災を想定しています。そのため、住宅地の配水管は細いです。そのような状況で大火になりますと、広域応援を含めた消防隊により消火用水は一斉に使われ、ホースの先端から出る水量は少なく消火活動が十分に行われないという事態になります。今回もそのような状況下での消火作業でした。このような事態への対策として、大規模建築に義務付けられる防火用水、そして学校のプールなどが防火用水として使われますが、住宅の密集地では、十分とはいえず消火用水不足に陥ります。

そして、消防団には大火の経験はそうあるものではありません。たとえ消防より早く現場に到着したとしても、強風の中で火の粉が飛び交い消防力が分散させられる中で、どこからどのように手をつけて良いのか経験からの判断ができず場当たり的になります。
　そのような中で自主消火活動で成功したのは、堤さんが当該建物の建設関係者で、建物の状況をよく把握していたことが挙げられます。つまり、屋外水栓のある場所、そしてホースの置かれている場所を知っていました。そして、建物の特性を知っていました。
　火災の被災地は商業地域で準防火地域です。守られた建物①は、木造の準耐火構造でも良かったのでしょうが施主との打合せで鉄骨造3階建ての主要構造部を不燃建築として建設しました。このような配慮が大火から家を守ることにつながりました。
　一方、守られた建物②は、木造防火造の2階建ての建物として建設しました。換気口には防火ダンパー付きのもの、そして軒の通気用金具にも防火ダンパー付きのものを使ったとのことでした。そして、ホースを屋外水栓に繋ぎ、火の粉がかかっても流されて大丈夫なように屋根と外壁に放水し建物を冷やし窓に熱が伝わらないように水をかけ続けたそうです。そして隣接の建物が燃えた中で家を守りました。
　このようなことを考えると、堤さんも語っていましたが、避難する前にちょっとした努力で良い結果に繋げることもできることもあると思われます。
　現在は、何よりも身の安全を優先させる時代です。そのため、一旦火災が発生すると避難が優先されます。しかし、そのような場合でも、ブレーカーを落とすことはもちろんですが、ホースを屋外水栓に繋ぎ、建物あるいは窓に放水してから避難する、あるいは建物周囲の土地に放水してから避難するようなことが求められるだろうと思います。建物や窓への放水は建物を冷やし火災から建物を守り、建物周囲の土地への放水は庭に落ちた火の粉からの火災を防ぎます。また、火災から守るために雨戸を閉めて避難する、そして熱で発火しないように窓にあるカーテンは外して避難するなどです。また土蔵の場合、窓や扉を閉じて避難することなどです。
　以上、非常持ち出し品を携え避難する前にできることを検討してみました。

今回は、人命優先のため避難優先と言われる中でなかなか勧められない話ですが、自宅や大火を防ぐためには考えさせられる教訓でした。

7　結びに代えて――木造住宅密集地域への警鐘再び

　被災地を歩いて、木造住宅密集地域（以下「木密地域」という。）は危険ということを改めて刻印しました。老朽木造建物の多い木密地域は、敷地規模が小さくかつまた幅員が4m未満の狭隘道路が多く、消火活動が迅速にできません。そのため、一旦火災が発生すると危険な地域と言われています。

　そのように危険性が訴えられるものの、なかなか木密地域の整備が進みませんでした。それが、整備が推進されるようになったのは、1995（平成7）年の阪神・淡路大震災以来です。神戸市の長田区の木密地域が大火災になったからです。それまで木密地域は危険と言われてきたことが、長田区で実証されたことになりました。そして、その後、木密地域の整備が強く推進されるようになりました。

　しかし、阪神・淡路大震災から20年経過して、その機運が減衰したようにも思えます。そのような観点から今回の大火は木密地域に対する改めての警鐘と思われます。

　東京都では、2011（平成23）年度から2020（平成32）年度にかけて不燃化特区の整備推進をしています。改めて木密地域の危険性を見直し、安全な市街地の創造を促進するべき時であると思います。

参考文献・引用文献

1) 高山英華「住宅と都市計画の諸問題」建設省編『明日の住宅と都市』彰国社, 1949年
2) 三舩康道「糸魚川市大規模火災——木造住宅密集地域への警鐘再び!」『近代消防』2017年4月号, 近代消防社
3) 糸魚川市資料より作成

監修者・著者紹介

伊藤 滋（いとうしげる）

都市計画家。東京大学名誉教授。
1931年東京生まれ。東京大学大学院工学研究科建築学専攻博士課程修了。工学博士。東京大学教授、慶應義塾大学教授、早稲田大学特命教授、日本都市計画学会会長、建設省都市計画中央審議会会長、内閣官房都市再生戦略チーム座長などを歴任。
著書に『提言・都市創造』(晶文社)、『たたかう東京』、『かえよう東京』(共に鹿島出版会)、『すみたい東京』(近代建築社)ほか多数。

三舩康道（みふねやすみち）

東京大学大学院博士課程修了。工学博士。技術士（総合技術監理部門・建設部門）、一級建築士。ジェネスプランニング㈱代表取締役。みなとみらい21地区防災計画の作成、スマトラ島沖地震インド洋津波バンダ・アチェ市復興特別防災アドバイザーとして復興計画の作成などの業務を行う。
地域安全学会理事、日本都市計画協会理事、見附市防災アドバイザー、墨田区災害復興支援組織代表、国際連合日中防災法比較検討委員会委員、新潟工科大学教授などを歴任。現在、希望郷いわて文化大使、NPO法人災害情報センター理事、東京文化資源会議幹事など。
著書に『東日本大震災を教訓とした新たな共助社会の創造』近代消防社、『減災と市民ネットワーク』学芸出版社、『東日本大震災からの復興覚書』(共著)万来舎、『地域・地区防災まちづくり』オーム社、『まちづくりキーワード事典〔第三版〕』(編著)学芸出版社、「まちづくりの近未来」(編著)学芸出版社など。

東京安全研究所・
都市の安全と環境シリーズ8
密集市街地整備論
現状とこれから

2019年9月15日　初版第1刷発行

監修者	伊藤 滋
著者	三舩康道
デザイン	坂野公一＋節丸朝子（welle design）
発行者	須賀晃一
発行所	早稲田大学出版部
	〒169-0051 東京都新宿区西早稲田1-9-12
	TEL 03-3203-1551
	http://www.waseda-up.co.jp
印刷製本	シナノ印刷株式会社

ⒸShigeru Ito, Yasumichi Mifune 2019 Printed in Japan
ISBN978-4-657-19020-8

「都市の安全と環境シリーズ」ラインアップ

◉第1巻
東京新創造
──災害に強く環境にやさしい都市〈尾島俊雄 編〉

◉第2巻
臨海産業施設のリスク
──地震・津波・液状化・油の海上流出〈濱田政則 著〉

◉第3巻
超高層建築と地下街の安全
──人と街を守る最新技術〈尾島俊雄 編〉

◉第4巻
災害に強い建築物
──レジリエンス力で評価する〈高口洋人 編〉

◉第5巻
南海トラフ地震
──その防災と減災を考える〈秋山充良・石橋寛樹 著〉

◉第6巻
首都直下地震
──被害・損失とリスクマネジメント〈福島淑彦 著〉

◉第7巻
都市臨海地域の強靭化
──増大する自然災害への対応〈濱田政則 編〉

◉第8巻
密集市街地整備論
──現状とこれから〈伊藤 滋 監修　三舩康道 著〉

◉第9巻
仮設市街地整備論
〈伊藤 滋 監修　関口太一・小野道彦 著〉

◉第10巻
木造防災都市
〈長谷見雄二 著〉

各巻定価＝本体1500円＋税

早稲田大学出版部